U0138401

百變三明治料理全書

終極美味就藏在層層堆疊的細節裡！

C NTENTS

007 · 創意食材新組合，
百變無窮新滋味

01 BASIC INGREDIENTS & KNOWHOW
製作三明治的食材和技巧

010 · 麵包
012 · 蔬菜
014 · 肉類
015 · 醃製肉品
016 · 起司
018 · 海鮮
019 · 醃製食材
020 · 利用市售奶油＆抹醬
022 · 自製奶油＆抹醬
025 · 做出美味三明治的11個關鍵祕訣

SIMPLE & EASY SANDWICH BEST 5

028 · 鮭魚貝果三明治
030 · 酪梨鮮蝦三明治
032 · 洋蔥德式香腸三明治
034 · 蘋果布利起司帕爾瑪火腿三明治
036 · 炸蝦三明治

02 WARM SANDWICH
熱三明治

040 · 卡門貝爾蜂蜜三明治
044 · 玉米起司三明治
048 · 焦糖土司
049 · 麻糬三明治
054 · 香蕉花生醬三明治
054 · 咖椰醬三明治
058 · 法式長棍麵包烤蒜頭三明治
062 · 法式雙倍起司火腿三明治
066 · 奶油醬雞肉三明治
070 · 德式香腸炒蛋三明治
074 · 鮮蝦歐姆蛋三明治
078 · 墨西哥蝦捲餅三明治
082 · 番茄乾三明治
086 · 水波蛋羅勒青醬三明治
090 · 火腿起司捲
094 · 玉米片起司三明治
098 · 炸起司三明治
102 · 照燒雞肉三明治
106 · 烤肉茄子三明治
107 · 義式黑醋洋蔥牛排三明治
114 · 雞肉捲三明治
118 · 豬排三明治

03 COLD SANDWICH
冷三明治

124 · 覆盆子馬斯卡彭起司三明治
124 · 楓糖奶油起司三明治
128 · 香蕉巧克力捲
128 · 冰淇淋三明治
132 · 南瓜土司捲
136 · 義式香腸起司三明治
140 · 鮪魚雞蛋三明治
146 · 馬鈴薯沙拉三明治
150 · 鮮蝦芥末籽烤三明治
154 · 地中海式橄欖起司三明治
158 · 小番茄三明治
158 · 義式番茄起司沙拉三明治
162 · 雞蛋鮮蝦三明治
166 · 馬鈴薯蘋果三明治
170 · BLTA三明治
174 · 總匯三明治
178 · 芥末蟹肉三明治
182 · 蔓越莓蜂蜜雞肉捲
186 · 咖哩雞三明治

04 WRAPPING & COOKING IDEAS
包裝技巧 &
剩下麵包100%完全利用法

三明治包裝技巧

192 · 透明塑膠袋配緞帶裝飾
193 · 用餐巾包餐具
193 · 適合野餐的手帕包裝
194 · 利用瑪芬紙杯
194 · 用彩色紙膠帶裝飾盒子
195 · 用裝飾襯紙包裝
195 · 方便的紙包裝
196 · 利用三明治專用盒
196 · 密封袋塗鴉
197 · 用紙杯裝長型三明治
197 · 糖果造型三明治包裝

不浪費！完全利用剩下麵包法大公開

198 · 麵包布丁
199 · 麵包巧克力棒
199 · 烤麵包
200 · 起司條
200 · 花生蜂蜜條
201 · 麵包粉
201 · 土司培根捲

202 · 索引

SANDWICH

SANDWICH

創意食材新組合，百變無窮新滋味

　　三明治是在麵包之間加入火腿、起司、蔬菜等食材的簡單吃法，根據加入食材和組合方式的不同，能變換出無窮的風味與風格，也由於三明治的製作方式簡易，所以任何人都能輕鬆上手。三明治最常見的用途是做為早午餐、簡單的便當或是小孩子的點心。本書除了上述之外，還介紹如何運用各種食材和料理方式，讓三明治不只是營養滿分的一餐，還能當簡單的下酒菜，甚至用來宴客也絲毫不遜色。

　　本書在一開始先介紹製作三明治前要知道的基本知識，如三明治的基底麵包、新鮮的蔬菜、添增風味的起司、有嚼勁又有好口感的肉類和海鮮，以及健康的自製醬料和抹醬。書中以這些食材的基本特徵和風味為基礎，製作出搭配效果絕佳的三明治，並在西式的三明治料理上，加入日式、韓式、法式、墨西哥風味等醬料，激發出創意滿點的三明治料理。

　　忙碌的時候可以三明治當作一餐，還能因應不同用途做成各種便當呢！開始動手吧！試著做做看適合各種場合和年齡層的三明治吧！

書中的食譜　以1人份量為基準。1杯（C）是200ml，1大匙（T）是15ml，1小匙（t）是5ml。

料理排序　根據製作的難易度排序。在各章節愈前面是介紹新手也能簡單製作的三明治，愈後面難度愈高。

葉菜類　依據季節來準備。萵苣、蘿蔓、菊苣等蔬菜能增加三明治的口感、提升新鮮度，並防止麵包吸收水分，所以可以依據季節準備，也能以其他取得容易的蔬菜取代。

書中的 ❀ 標誌　表示非常值得嘗試的推薦三明治。製作書中所有的三明治並非難事，但若時間有限，有這些標誌的料理，是集結大家意見選出的經典美味三明治，不妨優先動手做做看。

最後部分　剩餘麵包的利用方式以及包裝三明治的方法。做三明治時切下的土司邊或是剩下的一兩片土司，都能妥善利用做成點心。此外，誠心製作的三明治固然出色，但若能加上特殊包裝，就更趨完美。這兩個實用主題收錄在書中的最後部分。

01

製作三明治的
食材和技巧

要製作三明治，只要將食材備妥，一切就完成了。
基本的麵包、新鮮蔬菜、口感柔和的起司、味道豐
富的肉類和海鮮，這些就是三明治的材料。只要知
道各類食材的特色和最佳的料理方式，「組合」三
明治就會更加容易。學做三明治的同時，抹醬的自
製方法和祕訣也一併學習吧！

Bread

義式拖鞋麵包 （巧巴達）

義大利文是Ciabatta，為「拖鞋」之意，因為其寬大的模樣而得名。特徵是味道清淡、內部柔軟、氣孔多。常用於製作需要內裝餡料的三明治，或需要清淡味道輔佐的時候。

熱狗麵包

有長條型和圓型兩種。熱狗麵包和漢堡麵包口感相似，圓形的較柔軟，通常會將麵包橫剖後放入餡料。

土司

製作三明治時最常使用的方形麵包。種類多樣，有奶油土司、牛奶土司、玄米土司、玉米土司、米土司等。其中，米土司比小麥做成的土司還要柔軟有嚼勁。

貝果

貝果有甜甜圈的外表，擁有光滑的表面，屬於口感紮實的麵包。使用時通常會橫向切半，兩邊各留有厚度。內部食材愈單純，愈能感受麵包的嚼勁。

全麥麵包

在麵粉中加入混合麥類做成的麵包，咀嚼時會散發淡淡的香氣。有金黃色和深咖啡色兩種，通常用於要保有三明治的風味或提升色彩視覺的時候。

皮塔餅

希臘、以色列、敘利亞等中東地區常吃的圓扁型麵包。由於不加砂糖和奶油，所以味道清淡。皮塔餅有兩層，通常會切開放入餡料後做成三明治。

英式瑪芬

英國人早上常吃的麵包，在英國單稱為瑪芬，但這裡為了和美式瑪芬作區隔，所以統稱為英式瑪芬。通常是剖開切半放入火腿和起司等餡料後做成三明治。

法式長棍麵包

外表堅硬、內部柔軟有嚼勁，口感愈嚼愈香，單純只沾奶油也能感受其美味。通常會斜切做成烤三明治，或是挖除內部後放入餡料。

牛角麵包

加入大量奶油烤成的多層奶油麵包。即使不沾果醬和奶油也很美味，通常用在想做出變化型三明治時。

墨西哥薄餅（Tortilla）

以玉米粉攪拌後烤成的圓形墨西哥薄餅。通常加入肉類、蔬菜、醬料等一起食用。做成三明治時會捲起來或包起來，成為可以單手拿著吃的三明治。

義式香草麵包（佛卡夏Focaccia）

在麵粉中加入橄欖油、香草和鹽巴攪拌，發酵後在上方放橄欖、迷迭香等香料烤成的義大利麵包。屬於軟式的麵包，單吃也很美味。

Vegetable & Fruit

高麗菜

油炸或肉類等容易產生油膩感的三明治，只要加入高麗菜絲，就能降低油膩感，並提升清脆的口感。此外，高麗菜的甜味也很適合加在有水果的三明治中。

菇類

通常用在熱食的三明治。很適合加入烤肉三明治之中，以平底鍋炒過後加上馬蘇里拉起司，就成了口感、香味俱全的食材。

櫻桃蘿蔔

根部為紅色圓狀的蘿蔔，不必去皮，直接切片就可以食用。通常用在三明治的裝飾。

芝麻葉

外觀與櫻桃蘿蔔相似，口感清脆，通常用在沙拉料理。其口感尤其適合搭配起司，因此也常被用在三明治中。加入長型麵包時，可以直接使用，不必切段。

馬鈴薯

煮熟後搗蒜，和洋蔥、小黃瓜等食材混合，就是馬鈴薯沙拉，做為三明治綿密的內餡再適合不過。另外，也可以直接切片後，加奶油烘烤，再加上培根、起司，製作成三明治。

小黃瓜

小黃瓜特有的新鮮口感很適合搭配油炸類或以蟹肉做成的食材。可讓三明治呈現清爽風味。

檸檬、萊姆

檸檬和萊姆通常是在製作醬料時使用，加入有蝦子、蟹肉的食材時，會顯得格外清爽。此外，也可以使用在墨西哥式的三明治中。

南瓜

將帶有甜味的南瓜去籽、搗碎後，混合堅果類或水果乾，就是香甜綿密的三明治內餡。南瓜適合做成小孩子的營養點心或是老年人的三明治。

櫛瓜

櫛瓜或小南瓜只要烤過或稍微炒一下，就能做為三明治的材料，尤其適合加在有肉和香菇的三明治中，扮演調和味道的角色。

葉菜類

蘿蔓、芥菜葉、菊苣等葉菜類除了可以增添三明治的外觀和風味，也能避免食材的水分被麵包吸收。選擇葉菜類就如同挑選芹菜，要選又軟又薄的葉子才美味。

番茄

增添美味和營養的番茄能搭配許多食材，散發清爽的風味。簡單做個番茄炒蛋夾土司，就能當作完美的早餐。

酪梨

愈嚼愈美味的酪梨很適合切成薄片後加入三明治中，此時只要稍微煮過即可。若要搗碎製作成醬料，就要完全煮熟。

萵苣

帶有清脆口感和新鮮風味的萵苣可以和多種食材相融合，因此廣泛用於三明治中。在火腿起司三明治中加入新鮮萵苣，就能讓口感和風味一起提升。

茄子

茄子主要是在製作熱三明治時，切薄片並烤過後放入。茄子和肉類很搭配，將肉、洋蔥、茄子等烤過後一起加入三明治中，就會變成很美味的料理。

洋蔥

洋蔥和許多食材都很搭配，如肉類、肉類加工品、魚類、海鮮、油炸類等，因此也很適合做為三明治的食材。紫洋蔥的口感較甜，而且色彩鮮豔，尤其適合用來妝點三明治。

香草

雖然不常直接加在三明治裡，但可以加入炸物或煎蛋中，做為提味之用。另外，也可以將香草搗碎，加入醬料中。

Meat & Egg

牛里肌肉

將牛排和起司、蔬菜、醬料一起放入麵包中，就能當作取代晚餐的豐盛三明治。另外，也可以和炒蔬菜搭配一起做成三明治。

雞胸肉

如果正在減肥，或是想要控制熱量時，就可以使用脂肪較低、口味較清淡的雞胸肉。用來加入三明治時，通常是切薄片後烤熟，或是煮熟後再沾醬。雞胸肉和蔬菜一起製作的三明治，對小孩子來說可以補充豐富的營養。

烤肉用牛肉

烤肉用的牛肉通常是先切成薄片再炒過，並和烤肉醬料、蔬菜或是辣味醬料一起炒，就可以加入三明治中。尤其適合加上起司，或是單加洋蔥也很美味。

雞大腿肉

這部位的肉油脂適量，而且附著外皮，不論是用烤的或炸的料理方式，香味都比雞胸肉更濃郁，通常是烤過後搭配蔬菜一起加入三明治中。

豬里肌肉

使用豬肉做為三明治食材時，最好挑選油脂較少的豬里肌肉。將豬里肌肉做成豬排，再加上高麗菜絲和炸豬排醬料，就是小孩子眼中的夢幻料理。另外，塗抹上辣味醬料後一起烤，再搭配蔬菜一起吃也很美味。

雞蛋

雞蛋用法很多，可以煮熟、做成荷包蛋或是搗碎後加入醬料中。另外，也可以做成煎蛋，為三明治的營養加分。如果家裡有正在發育中的小孩，準備三明治時就可以多使用雞蛋。

Processed Meat

培根

肚子餓又想毫無負擔地享用三明治時，就能用培根增加飽足感。培根中微鹹的味道還能增添三明治的風味。

火腿片

和土司大小相似的火腿片適合用來做三明治，因此又稱為「三明治火腿」，火腿片有許多不同的使用方式。

香腸

如果需要用三明治來解決飢餓感時，香腸是很好的選擇。香腸可以直接搭配熱狗麵包，也可以切小塊和雞蛋、蔬菜等食材一起加入三明治中。

帕爾瑪火腿 (Prosciutto)

這是以生豬肉加鹽醃漬、使其熟成的義大利火腿。通常切薄片做為開胃菜，也可以切成小塊加入沙拉中。由於口味和馬鈴薯很相配，因此也會加入馬鈴薯三明治中。

義式香腸

義式香腸的作法是將牛肉和豬肉混合，加上鹽巴、蒜頭、胡椒粉等味道強烈的香辛料，再乾燥製成。通常切成薄片，並加上起司做成烤三明治。

西班牙火腿（Jamon）

這是以豬後腿肉加鹽醃漬一年以上，再乾燥製成的火腿。適合搭配法式麵包，或是像哈密瓜一樣甜的水果，因此經常加在水果三明治中。

Cheese

布利起司（Brie cheese）

白色的塊狀起司，外表堅硬、內部柔軟。布利起司冷凍時直接吃就很美味，融化後風味更佳。味道和蘋果、楓糖尤其相配，做三明治時只要簡單加上布利起司、蘋果和楓糖就非常美味。

切達起司（Cheddar Cheese）

最常被使用的起司就是切達起司，市面上大部分都是包裝成薄片的形式，也有以塊狀販售。通常在製作派對三明治和BLT（加入培根、萵苣和番茄的三明治）時會使用。

寇比起司（Colby cheese）

風味和香氣比切達起司濃郁，且柔軟而有彈性。通常以四方形塊狀的包裝販售，主要做裝飾用。

伊丹起司（Edam cheese）

為了提高保存性，伊丹起司會塗上一層石蠟。它是以去脂牛奶製成，因此脂肪含量很低。其口感溫和，直接食用也很順口，適合搭配肉類。

高達起司（Gouda Cheese）

高達起司是風味溫和、質地細緻的荷蘭起司，有濃郁、清淡等各種口味。白色的高達起司通常做成圓塊狀或片狀販售。若以片狀的高達起司取代切達起司製成三明治，更能感受其深層風味。

卡門貝爾起司（Camembert cheese）

外觀和布利起司相似，但更加柔軟。味道和肉類很相配，很適合用來製作牛肉三明治。若想要直接享用卡門貝爾起司的風味和香氣，可以夾入麵包中使其融化，再淋上蜂蜜或楓糖即可。

菲達起司（Feta Cheese）

擁有希臘悠久歷史的菲達起司是以羊奶製作而成，也是可以直接享用的新鮮起司。為了避免變質，起司中會加入鹽巴，因此鹹味強烈。適合搭配橄欖和新鮮沙拉。

帕瑪森起司
（Parmesan cheese）

吃披薩時，撒在上方的白色粉狀
起司就是帕瑪森起司。將圓球狀
的帕瑪森起司磨碎後使用，就會
散發溫和新鮮的香氣。

馬蘇里拉起司
（Mozzarella Cheese）

圓團狀的馬蘇里拉起司味
道不鹹，而且口感溫和，
只要一加熱後就會牽絲融
化，主要使用在需要這種
效果的三明治。尤其適合
加在熱三明治中。

碎馬蘇里拉起司

這是為了方便使用，而將馬蘇
里拉起司切碎的起司，有時稱
為「披薩起司」。其特色是保
存期限長，冷凍或冷藏方式都
可以保鮮。

生馬蘇里拉起司

較一般馬蘇里拉起司新鮮、
口感溫和，經常和番茄一起
製成義式經典沙拉。另外也
有小湯圓狀的起司。

帕達諾起司
（Grana Padano cheese）

這是像帕瑪森起司一樣的堅硬塊
狀起司，通常切成薄片或是以工
具磨成均勻的粉狀，再加到沙拉
或披薩中。也非常適合加入有加
沙拉的三明治中。

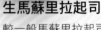

奶油起司
（Cream cheese）

通常加入貝果中一起享
用，也和各種果醬、橘
子醬等混合著吃，風味
多樣。此外，和鮭魚也
很對味，製作鮭魚三明
治時，可以在麵包上塗
奶油起司。

葛瑞爾起司
（Gruyere Cheese）

葛瑞爾起司是瑞典的代表
起司，與瑞士的艾美達起
司（Emmental Cheese）
相似，但沒有坑洞。經常
用於加了火腿和起司的法
式土司，有時也會代替馬
蘇里拉起司使用。

馬斯卡彭起司
（Mascarpone Cheese）

馬斯卡彭起司就像奶油般柔軟，
而且比鮮奶油新鮮，味道比奶油
起司柔順。通常是在做奶油起司
蛋糕或是提拉米蘇時使用。

Seafood

蝦子

可以加上清淡或是微辣的醬料，以烤或炒的料理方式處理後，做為三明治的餡料。製作炸蝦時，選用大型或中型的蝦子；要做成沙拉或三明治內餡時，選用冷凍蝦較方便。

罐頭鮪魚

可以直接搗碎做為三明治食材，在忙碌之中輕鬆填飽肚子。簡單加上搗碎洋蔥和美乃滋或芥末醬，就是美味的三明治內餡。

鯷魚

鯷魚的風味偏鹹，若是直接使用，味道會顯得過重，比較適合搗碎後做成內餡。此外，鯷魚和橄欖油很相配，一起加入三明治中，會讓風味更加倍。

蟹肉

這是經常用在三明治中的食材之一。撕開後加上小黃瓜、洋蔥做成美乃滋，就是很棒的三明治內餡。蟹肉和芹菜、小黃瓜、洋蔥、蘋果、火腿等都很對味，因此經常一起用在三明治中。

煙燻鮭魚

麵包塗抹上塔塔醬，再加上煙燻鮭魚、洋蔥和酸豆，就是新鮮美味的三明治。也可以切成一口吃的大小，搭配小麵包做成烤三明治。

Made in Vietnam

罐頭鮭魚

可以直接以小塊狀做成烤三明治，或是搗碎後加上洋蔥一起做成三明治內餡，又是別有一番風味。

Pickle

橄欖

以菲達起司、番茄、洋蔥和橄欖油組合，製作成希臘式的三明治時，加入切片橄欖能提點風味。此外，橄欖也很適合搭配起司，製作成烤三明治。

酸豆

鮭魚料理中不可或缺的食材，屬於辛香料之一。製作鮭魚三明治時，通常會和洋蔥一起搭配使用。

番茄乾

番茄切片後使其乾燥，再加上薄荷、胡椒等辛香料，以橄欖油醃漬而成的醃番茄。通常會切成細絲加入義大利麵中，或是和起司搭配當成三明治的食材。

芥末籽

帶有籽的芥末醬料，辣味較第戎芥末醬弱，顆粒狀的口感能提升風味。經常在製作醬料時使用，也適合搭配有加肉的三明治。

德國酸菜

是以鹽巴醃漬高麗菜，再發酵而成的德國食品。在德國會和香腸一起吃，是提高風味的一大亮點，也會在做香腸三明治時使用。

碎酸黃瓜

將酸黃瓜搗碎後另外販售的食品，也可以不搗碎形式直接販售。在製作千島醬等醬料時，可以輕鬆快速地使用。

醃小黃瓜

適合搭配肉類、香腸、火腿、海鮮等食材，通常會切片使用。有稍帶甜味的和不甜的兩種選擇。

墨西哥辣椒

辣味強烈，以有清脆口感的墨西哥辣椒製作而成，搭配油膩的食物一起食用，能帶來清爽的滋味。適合和火腿、起司一起加入有加肉的三明治中。

Spread & Sauce

辣椒奶油

粉紅奶油

蒜頭奶油

檸檬美乃滋

芥末籽美乃滋

甜奶油

酸黃瓜美乃滋

覆盆子奶油起司

烤洋蔥奶油起司

楓糖奶油起司

利用市售
奶油&抹醬

蒜頭奶油
🥄 奶油2/3大匙（10g），砂糖、碎蒜頭各1小匙

1 將奶油放在常溫中，加入砂糖和碎蒜頭，攪拌至砂糖完全融化即完成。

適合做為大蒜麵包的基底，塗在土司後以烤箱烤脆，再撒些砂糖就很美味。此外，也很適合搭配帕爾瑪火腿三明治。

甜奶油
🥄 奶油1/2大匙（20g），砂糖1小匙

1 將奶油放在常溫中，加入砂糖並拌勻即完成。

適合搭配有加入番茄的清爽三明治，塗在法式麵包或厚土司上也很美味。

烤洋蔥奶油起司
🥄 碎洋蔥3大匙，奶油起司5大匙，食用油少許

1 熱鍋中加入食用油燒熱，將碎洋蔥炒至外表呈金黃色，再撈起瀝乾油分。
2 在炒洋蔥中加入奶油起司，攪拌均勻即完成。

光是做為佐醬就很美味，只要塗抹在麵包上，即使不加其他食材也能成為美味的三明治。和鮭魚很搭配，因此經常加在鮭魚三明治中。

覆盆子奶油起司
🥄 奶油起司5大匙（100g），覆盆子醬2小匙

1 在奶油起司中加入覆盆子醬，拌勻即完成。

※可以根據喜好來選擇加入的果醬。

做點心和簡便的三明治時，塗抹上覆盆子奶油起司或是再加上莓果類水果，口味會變得清新。

楓糖奶油起司
🥄 奶油起司5大匙（100g），楓糖醬2/3大匙

1 奶油起司中加入楓糖醬，拌勻即完成。

微甜而溫和的風味和貝果特別搭配。在貝果上塗抹一層楓糖奶油起司，並搭配一杯咖啡，就是令人享受的早午餐。

粉紅奶油
🥄 美乃滋2大匙，番茄醬2小匙，檸檬汁1/2小匙

1 在美乃滋中加入番茄醬和檸檬汁，全體攪拌均勻至呈現粉紅色即完成。

檸檬可以讓味道更清爽，適合搭配有加蛋或火腿的三明治。土司加煎蛋，再塗抹上粉紅美乃滋，就是一道簡單又美味的早餐。

辣椒奶油
🥄 美乃滋2大匙，辣椒醬、番茄醬各1/2小匙

1 美乃滋中加入辣椒醬和番茄醬後，拌勻即完成。

帶有辣味，適合搭配加了起司或蝦子的三明治，也和炸物的三明治很對味，可以嘗試看看。

檸檬美乃滋
🥄 美乃滋2大匙，檸檬汁1小匙，砂糖1/2小匙，鹽巴少許

1 在美乃滋中加入檸檬汁和砂糖，拌勻後再加上少許鹽巴調味即完成。

味道酸酸甜甜，適合搭配有加海鮮的三明治，或是加在蔬菜量充足的三明治中也很對味。

酸黃瓜美乃滋
🥄 美乃滋3大匙，搗碎酸黃瓜1大匙

1 將酸黃瓜放入篩網中，以湯匙稍微按壓，瀝掉水分，再加入美乃滋中拌勻即完成。

酸黃瓜清脆的口感可以增添清爽的感覺，適合搭配有加香腸或火腿的三明治。

芥末籽美乃滋
🥄 美乃滋3大匙，芥末籽1大匙

1 將美乃滋與芥末籽攪拌均勻即完成。

芥末籽美乃滋是和肉類很搭配的醬料。尤其加在牛肉三明治中，可以引發食欲，並且提升整體口感層次。

Homemade Spread & Sauce

奶油醬

番茄調醬

酪梨醬

塔塔醬

羅勒青醬

白醬

起司醬

番茄莎莎醬

千島醬

自製
奶油＆抹醬

奶油醬
🥄 蛋黃1個，鮮奶油80ml，鹽巴少許

1鮮奶油中加入蛋黃拌勻。
2將攪拌後的奶油醬放入平底鍋中，以小火煮至呈黏稠狀，再加入少許鹽巴即完成。

奶油醬適合搭配沒經過油品烹調或調味的肉類，通常加在可取代正餐的豐盛三明治中。

酪梨醬
🥄 酪梨1個，美乃滋2大匙，檸檬汁2小匙，醬油1小匙，胡椒粉少許

1酪梨對半劃開，分成兩半後去籽。
2用湯匙挖出酪梨果肉後，以叉子均勻搗碎。
3在搗碎的酪梨中加入美乃滋、醬油、檸檬汁和胡椒粉（圖3-1）拌勻即可（圖3-2）。

酪梨醬最適合加在有蝦子的三明治中，也可以用來當作簡單的餅乾或麵包的沾醬。

塔塔醬
🥄 美乃滋2大匙，碎洋蔥1大匙，碎蒜頭1小匙，蜂蜜1/2小匙，香芹粉少許

1所有材料備齊。美乃滋中加入碎蒜頭、碎洋蔥和蜂蜜均勻攪拌。
2材料拌勻後，再加入香芹粉即完成。

製作炸蝦或炸魚料理時，最適合搭配塔塔醬。若是加入鮭魚三明治中，也很對味。

番茄調醬
🥄 番茄醬1罐，碎洋蔥、橄欖油各2大匙，碎蒜頭1大匙，鹽巴1/4小匙

1在熱鍋中加入橄欖油，再放入碎洋蔥和碎蒜頭一起拌炒。
2洋蔥炒至呈金黃色後，加入番茄醬攪拌至收汁。
3等到濃度變稠、量約為原來的1/3時，加入鹽巴即完成。

番茄調醬適合加在用土司做的披薩三明治中，或是搭配有加蛋的三明治。

羅勒青醬
🥄 新鮮羅勒葉20片，橄欖油5大匙，碎蒜頭1/3小匙，松子30粒，杏仁5粒，帕瑪森起司粉1小匙，鹽巴、砂糖皆少許

1所有食材備好。將新鮮羅勒葉洗淨、拭乾水分。
2將所有食材放入攪拌機中拌勻即完成。

羅勒青醬適合搭配加蛋或番茄的冷食三明治。如果再加入淡味的起司，會讓風味更上一層。

白醬

🍚 低筋麵粉、奶油各15g，牛奶250ml，鹽巴1/2小匙，胡椒粉少許

1 將奶油放入熱鍋中融化。
2 當奶油起很多泡時，加入低筋麵粉，以小火慢煮後關火。這個過程反覆做3次。
3 如果變得太濃稠，就在鍋底加冷水冷卻，並加入熱牛奶，再繼續開火煮。
4 將濃度煮到稠度適中之後，加入鹽巴和胡椒粉即完成。

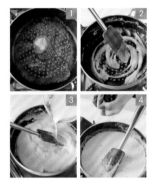

製作加入火腿的起司三明治或是法式麵包時，塗上一層白醬做為基底，會讓整體風味更佳。

千島醬

🍚 白煮蛋1/2個，美乃滋3.5大匙，番茄醬、碎洋蔥各1大匙，搗碎酸黃瓜2/3大匙，檸檬汁1小匙，鹽巴、胡椒粉皆少許

1 所有材料備齊。將雞蛋煮熟，只取1/2個備用。
2 將所有食材混合拌勻即完成。

白煮蛋可以做為三明治食材之一，即使只加少量，也能帶來飽足感。千島醬簡單加上火腿和蔬菜，就是一道美味的料理。

番茄莎莎醬

🍚 番茄1顆，碎洋蔥1大匙，檸檬汁、橄欖油各1小匙，碎蒜頭1/4小匙，鹽巴少許

1 番茄畫十字後，放入熱水中汆燙、去皮。
2 將去皮的番茄切小塊搗碎。
3 將番茄、碎洋蔥、碎蒜頭、檸檬汁、橄欖油放入碗中攪拌。
4 食材拌勻後，加上鹽巴即完成。

這是和墨西哥薄餅或捲餅很搭配的醬料。做墨西哥薄餅三明治時，只要加入滿滿的蔬菜和肉，再搭配番茄莎莎醬，就能成為飽足的一餐。

起司醬

🍚 鮮奶油70g，切達起司片2片，高達起司片1片，帕瑪森起司粉1/2小匙

1 在鍋子中加入鮮奶油和所有起司，以中小火煮。
2 起司開始融化後一邊攪拌，待起司完全融化後關火即完成。

這個醬很適合搭配玉米片和通心麵，可以用在加有通心麵沙拉的三明治。比起柔軟的麵包，塗在貝果般紮實的麵包比較不會滲入與產生油膩感。

做出美味三明治的11個關鍵祕訣

4
盡量在短時間內做完並享用

三明治依據不同食材的搭配組合會影響其風味，因此要在最新鮮的時候享用，才會最美味。熱食的三明治要在食材冷卻之前享用，冷食三明治則是要在能保持新鮮的期限內用畢。此外，為了保持新鮮，盡量在短時間內快速完成比較好。

8
馬蘇里拉起司要事先退冰

以馬蘇里拉起司做為三明治材料使用時，將三明治放入烤箱中，起司就會融化。記得要事先將起司從冰箱中拿出來退冰，才能融化得更完整。

1
完全去除蔬菜的水分

製作三明治時要注意的一個要點，就是要將三明治中的蔬菜水分完全去除。如果蔬菜保有水分，就會被麵包吸附，導致三明治變得濕軟。此外，如果在麵包上塗抹醬料，麵包會變更軟。因此一定要將蔬菜以脫水器或紙巾擦乾。

5
保持口感一致

如果是要用較硬的食材做為三明治夾餡，就要用像法式麵包一樣的硬麵包；如果是要夾入較軟的食材，用土司或是義式麵包即可。統一三明治的口感，能讓整體風味更提升。

9
用烤過的痕跡增添美味度

製作熱食三明治時，讓麵包上留有烤過的痕跡會看起來更高級、更美味。注意不必連同裡面的食材一起加熱，只要有烤過的痕跡，就能達到效果。使用壓板，就能輕鬆做出烤過的痕跡，如果沒有壓板，也可以用烤盤取代。

2
搭配夠味的食材

食材的味道必須是覺得有點鹹的程度，搭配麵包一起吃時才會夠味。加上許多蔬菜的三明治，可以搭配稍鹹的起司或培根都很合適，或是加上抹醬一起享用。

6
讓起司自然融化

製作熱食三明治，要融化起司的時候，比起用烤箱或微波爐加熱，不如以熱的食材讓起司自然融化，如此一來，不僅能讓起司的美味留存，還能讓食材和起司更加融合。

10
要包裝前需事先將麵包烤過

若要將三明治做成便當或禮物時，就一定要包裝。此時最好能將三明治烤過一次，因為經過包裝、放置後，食材會產生水分，所以最好能將麵包先烤脆、烤乾，口感才會好。

3
仔細塗抹醬料

抹醬可以在三明治中扮演調和食材風味的角色，還能防止食材的水分滲透到麵包，因此塗抹醬料時務必要仔細。如果沒有特別風味的抹醬時，也可以使用一般奶油或美乃滋。

7
熱的食材稍待冷卻再放入

以烤培根或烤肉製作三明治時，盡量避免在食材還是燙的狀況下放入，以免搭配的蔬菜營養流失。要加入炒肉、烤肉、烤培根或火腿時，稍待冷卻再放到蔬菜上就好。

11
熱的三明治冷卻後再包裝

若將熱的三明治直接包裝，裡面會產生霧氣，導致三明治麵包變軟。此外，直接包裝也會讓三明治變得容易腐壞，最好能稍待冷卻後再包裝。

Simple & Easy Sandwich Best 5

這裡要介紹的是用簡單食材就能快速完成的5種三明治！
雖然這些是常見的基本款三明治，
但是細節中其實隱藏了簡單又美味的祕訣。

芥菜葉1片

燻鮭魚2片

烤洋蔥奶油起司

製作方法請參考第20頁

芥末籽3〜5粒

貝果1個

Bagel Sandwich

鮭魚貝果三明治

1 貝果橫向切半，在其中一片貝果上抹上烤洋蔥奶油起司。

2 再依序放上洗淨的芥菜葉和燻鮭魚。

3 最後擺放芥末籽後，蓋上另一片貝果即完成。

蝦子5隻

培根2片

菊苣1片

酪梨醬
製作方法請參考第22頁

全麥黑麵包2片

酪梨鮮蝦三明治

1 將市售蝦子放入鹽水中解凍後除去水分，
放入加橄欖油的平底鍋煎熟，並撒上少許鹽巴。
2 鍋中不放油，直接將培根煎至焦黃。
3 全麥黑麵包上塗抹酪梨醬後，依序放上洗淨的菊苣、培根、蝦子，
最後再蓋上全麥黑麵包即完成。

熱狗麵包1個

蘿蔓葉1片

炸洋蔥3大匙

🔸 碎洋蔥3大匙，
油炸麵粉1大匙

德式香腸1根

酸黃瓜美乃滋

🔸 製作方法請參考第20頁

培根1片

Breadroll Sandwich

洋蔥德式香腸三明治

1 將洋蔥洗淨切塊後抹上炸粉，以180℃的熱油炸至酥脆，再去除油分。

2 用平底鍋將培根和德式香腸煎熟。

3 切開熱狗麵包，抹上酸黃瓜美乃滋，再放上洗淨、瀝乾水分的蘿蔓葉。

4 蘿蔓葉上依序擺放培根、德式香腸，最後撒上炸洋蔥即完成。

法式麵包2片

布利起司1/2個

帕爾瑪火腿1片

蘋果1/2個

楓糖2大匙

碎核桃1大匙

Baguette Sandwich

蘋果布利起司帕爾瑪火腿三明治

1 平底鍋不加油，放入法式麵包稍微烤過。

2 布利起司直接切薄片，蘋果洗淨後也切薄片。

3 帕爾瑪火腿切半後放到法式麵包上，再輪流放上蘋果片和起司。

4 最後撒上碎核桃，並淋上楓糖即完成。

土司2片

塔塔醬
製作方法請參考第22頁

炸蝦4隻

番茄1/3個

小黃瓜1/2條

Loaf Bread Sandwich

炸蝦三明治

1 小黃瓜和番茄洗淨。以削皮器將小黃瓜削成薄片，番茄切圓薄片。

2 蝦子去頭去殼，依序沾裹麵粉、蛋、麵包粉後，
以180℃的熱油炸至呈金黃色，再去除油分。

3 以烤麵包機將土司烤至焦黃，將土司的一面抹上一層薄薄的塔塔醬，
再放上對半摺的小黃瓜片。

4 接著放上番茄和炸蝦，並撒上剩下的塔塔醬，再蓋上另一片土司即完成。

02

熱三明治

融化的起司帶有濃郁的香氣,新鮮的蔬菜搭配火烤過後的肉品充滿飽足感,富有這些元素的三明治,最適合在熱騰騰的時候吃!這裡介紹的三明治可以當成家人的周末早午餐或足以取代正餐的點心,甚至是招待客人時,也能成為有高級質感又不遜色的料理。

卡門貝爾蜂蜜三明治

●卡門貝爾蜂蜜三明治製作方法

1 將卡門貝爾起司切成6等份。

2 義式拖鞋麵包切半。

3 在麵包上擺放起司。

4 淋上蜂蜜,並蓋上另一半的麵包。

5 在預熱的烤盤上擺放麵包後,將鍋蓋下壓,讓麵包留下烤紋,並讓起司融化。

6 麵包烤過後切成方便食用的大小,淋上蜂蜜並撒些杏仁片即完成。

卡門貝爾蜂蜜三明治

這是利用人氣早午餐菜單中的卡門貝爾蜂蜜帕尼尼所做出的三明治。麵包採用義式拖鞋麵包，能夠增添清淡的香氣。在麵包中夾入卡門貝爾起司，以平底鍋加熱，讓起司融化，再淋上蜂蜜，撒上杏仁片，就能享用甜美的三明治。

Ready

義式拖鞋麵包 1個
卡門貝爾起司 1/2個
蜂蜜 2大匙
杏仁片 1大匙

Recipe

1 將1/2個卡門貝爾起司自圓心切成3等份，再對切成6塊。

2 將義式拖鞋麵包從中間切半後打開，注意不要完全切斷。

3 在義式拖鞋麵包上整齊排放切塊的卡門貝爾起司。

4 在起司上均勻淋上1大匙蜂蜜後，將另一片麵包蓋上。

5 烤盤加熱後，放入麵包，轉為中小火。使用比烤盤小的鍋蓋去壓麵包，讓麵包外層留下烤紋。

6 當中間起司稍微融化往外流時，將麵包翻面，同樣用鍋蓋讓麵包留下烤紋。取出烤好的麵包，切成方便食用的大小，淋上剩下的1大匙蜂蜜，並均勻撒上杏仁片即完成。

TIP

－烤盤是為了讓義式拖鞋麵包更美觀而使用，如果沒有烤盤，也可以用一般的平底鍋取代。最好的方法是利用烤三明治機來製作。

－如果喜歡起司，也可以多加2塊，但如果加太多，起司味就會過於強烈，反而有油膩的感覺。

－蜂蜜和杏仁片可以依據喜好來增減份量。

玉米起司三明治

這是用濕潤有嚼勁的義式香草麵包加上充滿美乃滋的玉米沙拉，再鋪上馬蘇里拉起司一起烤成的三明治。玉米起司三明治深受各年齡層的喜好，而且製作方式簡單。可以做成小孩子的點心，也可以當作消夜，與啤酒更是絕配。

Ready

義式香草麵包
（15x15公分）............1個
罐頭玉米......................1/2罐
青椒、紅甜椒........各1/8個
洋蔥..............................1/2個
美乃滋..........................3大匙
碎馬蘇里拉起司........2大匙

Recipe

1 將罐頭玉米倒出，瀝乾水分。

2 將洋蔥洗淨、切成和玉米粒相似的大小。

3 將青椒、甜椒去籽洗淨，切成和洋蔥相似的大小。

4 把玉米、青椒、甜椒、洋蔥均勻混合。

5 再加入美乃滋，輕輕地攪拌，避免壓壞蔬菜，做成玉米沙拉。

6 用麵包刀將義式香草麵包切成2片薄片。

7 在麵包的切面上鋪滿玉米沙拉。

8 再撒上碎馬蘇里拉起司。

9 將麵包放入預熱200℃的烤箱，大約烤7～10分鐘，讓起司融化，呈現金黃微焦的色澤即完成。

TIP

－做為小孩子的點心時，可以在玉米沙拉中另外加入1小匙砂糖，整體甜味會更明顯。

－如果沒有義式香草麵包，可以改用土司代替。

－如果沒有烤箱，也可以用有蓋子的平底鍋代替。先在鍋底鋪上鋁箔紙後擺放麵包，再蓋上蓋子，以小火烤至起司融化。

● 玉米起司三明治製作方法

1

將罐頭玉米的水分瀝乾。

2

將洋蔥切成和玉米粒的大小。

3

將青椒、甜椒切成和洋蔥相似的大小

4

把玉米、青椒、甜椒、洋蔥均勻混合。

蔬菜中加入美乃滋，
做成玉米沙拉。

將義式香草麵包
切半成薄片。

在義式香草麵包上
放滿玉米沙拉。

在玉米沙拉上撒些碎馬
蘇里拉起司。

放入200℃的烤箱中，約
烤7～10分鐘即完成。

焦糖土司

● 焦糖土司製作方法

1. 把厚土司切成3～4公分的棋盤格狀。

2. 在熱鍋中將奶油融化，將土司兩面烤至金黃。

3. 焦糖醬放入鍋中，稍微融化後關火。

4. 將土司切面均勻沾裹焦糖醬。

5. 在沾滿焦糖醬的土司上方均勻撒上糖粉。

6. 土司上方以奶油和杏仁片裝飾即完成。

焦糖土司

在咖啡店中經常被用來搭配咖啡的焦糖土司也可以在家製作,尤其在客人來訪時,不論是搭配咖啡或果汁一起享用都非常適合。但由於這是加入鮮奶油的麵包,所以做為小孩子的餐點時,比起搭配牛奶,以新鮮果汁取代會更好。

🧺 Ready

厚片土司	1片
奶油	1大匙
市售焦糖醬	1大匙

裝飾
鮮奶油、糖粉、杏仁片適量

Recipe

1 把厚土司切成3~4公分大小的棋盤格狀,刀深約1/3即可,不要切斷。

2 在熱鍋中放入1/2大匙奶油,待融化後將土司切面朝下放。土司烤至金黃後,放入剩下的奶油,待融化後再換烤另一面。

3 將焦糖醬放入烤過麵包的平底鍋中,讓焦糖稍微融化、變滑順後關火。

4 將土司切面朝下放入鍋中。用湯匙壓土司,讓切面均勻沾上焦糖醬。

5 土司上均勻撒上糖粉。

6 在土司上擠鮮奶油,並撒上杏仁片即完成。

TIP

─以鮮奶油做泡沫裝飾時,若是要自己打發,建議先將使用器具放入冰箱中冷卻,便能讓奶油模樣更完整。也可以改用市售的鮮奶油取代。

─杏仁片可以用其他堅果類的切片來代替。

─焦糖醬可以直接塗抹在土司上,也可以加入咖啡中,做成焦糖瑪奇朵。

● 麻糬三明治製作方法

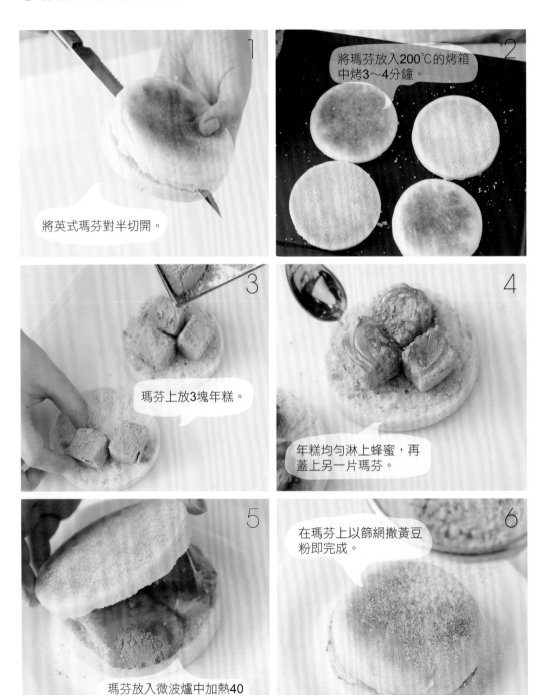

1　將英式瑪芬對半切開。

2　將瑪芬放入200℃的烤箱中烤3～4分鐘。

3　瑪芬上放3塊年糕。

4　年糕均勻淋上蜂蜜，再蓋上另一片瑪芬。

5　瑪芬放入微波爐中加熱40秒左右，讓年糕變軟。

6　在瑪芬上以篩網撒黃豆粉即完成。

麻糬三明治

WARM SANDWICH 4

在英式瑪芬中加入麻糬後，放入微波爐中加熱，讓麻糬變濕軟，再加上蜂蜜、黃豆粉一起，就完成這款特別的混搭三明治。麻糬的清淡風味搭配黃豆粉的香氣，讓西式的瑪芬添加了東方味的色彩。

Ready

英式瑪芬	2個
麻糬	6塊
蜂蜜	2大匙
黃豆粉	適量

Recipe

1 將英式瑪芬對半切開。

2 將瑪芬放入預熱200℃的烤箱中，烤3～4分鐘。

3 瑪芬的其中一片放上3塊年糕。

4 均勻淋上蜂蜜，再蓋上另一片瑪芬。

5 用筷子將瑪芬夾至微波爐中，加熱40秒左右，讓麻糬變軟。

6 黃豆粉放到篩網中過篩，輕輕撒到瑪芬上即完成。

TIP

－份量可以根據麻糬的大小作調整。

－麻糬如果加熱過久，口感會變得過黏，因此40秒左右較恰當。

－如果想要吃得甜一點，可以另外準備一盤蜂蜜，吃的時候一邊沾取。

咖椰醬三明治

香蕉花生醬三明治

WARM SANDWICH 5 香蕉花生醬三明治

Ready

全麥麵包 2片
香蕉（大條）............ 1/2個
砂糖 2大匙
花生醬 1大匙
肉桂粉 .... 少許

Recipe

1 將全麥麵包以直徑3～4公分的圓形模型壓成圓狀麵包。

2 在麵包的上方塗抹一層厚厚的花生醬。

3 以預熱180℃的烤箱烤5分鐘。

4 香蕉橫切成1公分厚的圓片。

5 平底鍋中放入砂糖攪拌，等待融化後轉小火，加熱至起泡並呈焦糖色。

6 將香蕉片一片一片放入，隨即關火。

7 在烤好的麵包上分別放一片香蕉。

8 以湯匙撒上肉桂粉即完成。

TIP

－將砂糖加熱融成焦糖時，很容易會燒焦，所以當砂糖一融化，務必要轉小火。

－花生醬冷藏過後，可能會不易塗抹，建議事先從冰箱取出放到常溫中。

WARM SANDWICH 6 咖椰醬三明治

Ready

土司 2片
咖椰醬 1大匙
奶油 2/3大匙

Recipe

1 將土司切邊，並以擀麵棍擀至扁平。

2 取一片土司抹上奶油，再抹咖椰醬。

3 蓋上另一片土司後，以木板壓扁。

4 用烤箱或烤土司機加熱至酥脆，再切成適當食用的大小即完成。

TIP

－若咖椰醬塗抹太多，可能會被擠出，所以只要塗薄薄一層就好。並將土司烤到酥脆如麵包般的口感是重點！

● 香蕉花生醬三明治製作方法

1 全麥麵包以直徑3～4公分的圓形模型壓成圓狀。

2 在麵包上塗抹厚厚的花生醬。

3 以預熱180℃的烤箱將塗過花生醬的麵包烤5分鐘。

4 香蕉橫切成1公分的圓片。

5 平底鍋中放入砂糖，使其融化呈焦糖色。

6 砂糖起泡後放入香蕉片，並立刻關火。

7

沾了焦糖醬的香蕉
放至麵包上。

8

最後撒上肉桂粉即
完成。

● 咖椰醬三明治製作方法

1

將土司切邊,並以擀麵棍擀
至扁平。

2

土司先抹奶油,再抹
咖椰醬。

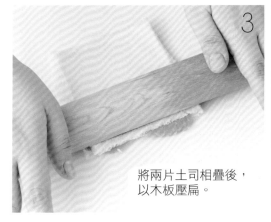

3

將兩片土司相疊後,
以木板壓扁。

4

以烤箱或烤土司機加
熱至酥脆即完成。

法式長棍麵包烤蒜頭三明治

● 法式長棍麵包烤蒜頭三明治製作方法

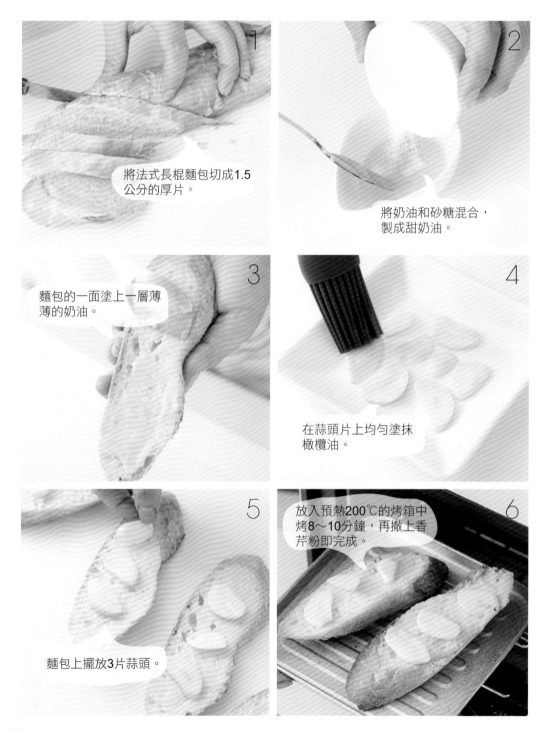

1
將法式長棍麵包切成1.5公分的厚片。

2
將奶油和砂糖混合，製成甜奶油。

3
麵包的一面塗上一層薄薄的奶油。

4
在蒜頭片上均勻塗抹橄欖油。

5
麵包上擺放3片蒜頭。

6
放入預熱200℃的烤箱中烤8～10分鐘，再撒上香芹粉即完成。

法式長棍麵包烤蒜頭三明治

通常法式長棍麵包烤蒜頭的作法是將搗碎蒜頭、奶油、糖混合後抹在長棍麵包上即可，但如果只用奶油和砂糖攪拌，再另外放上蒜頭片，整體的風味會更添幾分！若是要當作下酒菜，可以放上滿滿的蒜頭。

Ready

法式長棍麵包 4片
甜奶油 2大匙
蒜頭薄片 12片
橄欖油、香芹粉......各少許

甜奶油請參考第20頁

Recipe

1 以麵包刀將法式長棍麵包切成1.5公分的厚度4片。

2 將奶油和砂糖混合，做成甜奶油。

3 在麵包的一面塗上一層薄薄的奶油。

4 在蒜頭片上均勻塗抹橄欖油。

5 麵包上擺放蒜頭3片，放入預熱200℃的烤箱中烤8～10分鐘，讓蒜頭呈焦黃色。

6 待麵包表面也呈焦黃色後，即可取出，再撒些香芹粉增添風味即完成。

TIP

－若有整顆的蒜頭，就先切片備用，如果沒有，也可以買現成的切片蒜頭。

－法式長棍麵包如果烤得太久，可能會變硬到難以下嚥，所以烤到酥脆最恰當。如果沒有烤箱，可以用平底鍋先將蒜頭稍微煎過，放上法式麵包後，再將法式麵包以平底鍋煎烤即可。

－如果要當作小孩子的點心，建議不要放蒜頭，抹上甜奶油後直接拿去烤就可以了。

法式雙倍起司火腿三明治

● 法式雙倍起司火腿三明治製作方法

1

全麥黑麵包的一面均勻塗抹白醬。

2

麵包上擺放高達起司一片。

3

高達起司上疊上火腿一片。

4

再放另一片麵包，讓塗抹白醬的那一面朝上。

5

葛瑞爾起司切碎，均勻撒在白醬上。

6

放入預熱200℃的烤箱中烤6～8分鐘即完成。

法式雙倍起司火腿三明治

WARM SANDWICH 8

這是加了火腿、兩種起司一起烤的法式三明治，加上白醬會讓溫和低調的口感以及起司風味的層次提升。雖然法式雙倍起司火腿三明治和一般的火腿三明治在口感上相似，但卻散發著高貴的風味。

Ready

全麥黑麵包	2片
白醬	3大匙
火腿	2片
高達起司	1片
葛瑞爾起司	適量

白醬請參考第22頁

Recipe

1 將全麥黑麵包的一面均勻塗抹上白醬。

2 麵包上擺放高達起司一片。

3 再放火腿。

4 疊上另一片麵包，讓塗抹白醬的那一面朝上。

5 葛瑞爾起司切碎，均勻撒在白醬上。

6 將疊好的三明治放入預熱200℃的烤箱中烤6～8分鐘，讓有覆蓋起司的那一面烤至焦黃即完成。

> **TIP**
>
> — 如果沒有高達起司，也可以使用切達起司，或是葛瑞爾起司、馬蘇里拉起司取代。
>
> — 法式起司三明治要趁熱食用，才能保有起司的味道和香氣。
>
> — 如果在法式起司三明治的上方再加煎蛋，就變成「Croque-Madame」（庫克太太）。

奶油醬雞肉三明治

這是在麵包內夾入雞胸肉、炒洋菇、墨西哥辣椒片、起司等餡料再去烤的三明治，可以當作飽足的一餐。奶油醬的柔順口感再加上馬蘇里拉起司，看似有油膩感，但其實只要加上墨西哥辣椒片，就能解決問題。

Ready

全麥白麵包.....................2片
雞胸肉...........................1塊
洋菇..............................2個
墨西哥辣椒片.................6片
奶油醬..........................2大匙
馬蘇里拉起司
（約0.3公分厚）..........1片
鹽巴、胡椒粉、食用油
..............................各少許

奶油醬請參考第22頁

Recipe

1 將雞胸肉清洗乾淨、切成1公分的厚度後，稍微撒上鹽巴和胡椒粉。

2 將洋菇洗淨、去掉外層薄皮。

3 將洋菇切成片。

4 平底鍋加入食用油，加熱後放入洋菇和少許鹽巴、胡椒粉，用最快的速度炒過後盛盤。

5 鍋中加入少許食用油，放入雞胸肉，將一面煎至金黃色後，換煎另一面。

6 在一片全麥白麵包上鋪滿雞胸肉。

7 雞胸肉上放上奶油醬。

8 再放炒洋菇。

9 洋菇上擺放墨西哥辣椒片。

10 馬蘇里拉起司切成0.3公分厚片。

11 將起司放在辣椒片上。

12 最後蓋上另一片全麥白麵包，放入預熱180℃的烤箱中烤4～5分鐘，讓起司融化即完成。

TIP

－墨西哥辣椒片可以依據喜好添加，如果是要給小孩子吃的，可以用小黃瓜片取代。

－如果沒有烤箱，也可以放在有蓋子的平底鍋中以小火烤。

● 奶油醬雞肉三明治製作方法

1

將雞胸肉切成1公分的厚度。

2

將洋菇去掉一層薄皮。

3

保持洋菇外觀切成片。

4

平底鍋中倒入食用油，加熱後放入洋菇以大火快炒。

5

平底鍋再加入食用油，放入雞胸肉煎至雙面呈金黃色。

6

全麥白麵包上鋪滿雞胸肉。

7

雞胸肉上放奶油醬。

8

奶油醬上放炒洋菇。

9

炒洋菇上放墨西哥辣椒片。

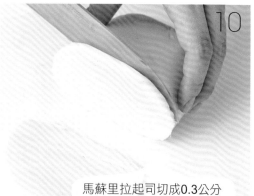

10

馬蘇里拉起司切成0.3公分的厚度。

11

將起司片放在辣椒片上。

12

蓋上另一片全麥白麵包，

放入預熱180℃的烤箱中烤4～5分鐘即完成。

德式香腸炒蛋三明治

這是用德式香腸、蛋和醃小黃瓜等冰箱常見食材就能完成的三明治，而且冷卻後的風味不減，不只適合當作小孩子的便當，也深受喜歡香腸或火腿的大人喜愛。在慵懶的週末早晨，做為全家人一起享用的早午餐再適合不過。

 Ready

土司	2片
德式香腸	2條
醃小黃瓜	2個
雞蛋	1顆
千島醬	3大匙
鹽巴、食用油	各少許

千島醬請參考第22頁

Recipe

1 德式香腸切半成長條狀。

2 以熱水稍微汆燙。

3 撈起後以紙巾拭乾水分。

4 醃小黃瓜切成長形片狀。

5 將蛋拌勻。

6 在加了食用油的熱平底鍋上放入拌勻的雞蛋，再用筷子拌成炒蛋，並加入些許鹽巴調味。

7 以平底鍋或烤土司機將土司烤至焦黃。

8 在兩片土司的一面上塗抹千島醬。

9 塗醬料的一片土司上放上香腸，將圓面朝上。

10 香腸間的縫隙放炒蛋。

11 香腸上方擺醃小黃瓜片，再蓋上另一片麵包。

12 用保鮮膜包裹三明治讓食材固定，再對半切開即完成。

TIP

－如果直接將三明治切開，裡面的食材十之八九會跑出來，導致形狀走樣，所以要用保鮮膜固定後再切，才能確保整齊的模樣。

● 德式香腸炒蛋三明治製作方法

1. 德式香腸切半成長條狀。

2. 以熱水稍微汆燙，消除亞硝酸鹽。

3. 去除水分。

4. 醃小黃瓜切成長片狀。

5. 將蛋拌勻。

6. 做成炒蛋並加鹽調味。

7

將土司烤至呈焦黃色。

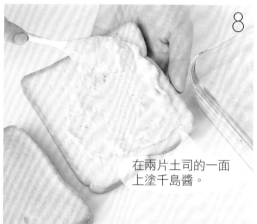

8

在兩片土司的一面
上塗千島醬。

9

在塗醬料的土司上放
香腸。

10

香腸的縫隙放炒蛋。

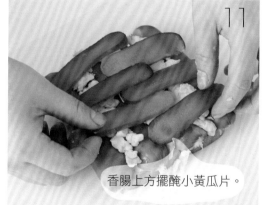

11

香腸上方擺醃小黃瓜片。

12

蓋上另一片麵包,

用保鮮膜包裹,再對半
切開即完成。

鮮蝦歐姆蛋三明治

WARM SANDWICH 11

這是在雞蛋中加入蝦子、洋蔥、起司等做成歐姆蛋，放到土司上後，淋上番茄醬和黃芥末醬製成的三明治。利用米麵包和雞蛋的搭配，不但能讓營養均衡，還能用來飽足一餐。

Ready

米土司（一般土司）	2片
切達起司	1片
冷凍蝦	3隻
雞蛋（小顆）	2顆
洋蔥	1/4個
市售酸黃瓜	1個
番茄調醬	3大匙
牛奶	2大匙
鹽巴、番茄醬、黃芥末醬	各少許

番茄調醬請參考第22頁

Recipe

1 將切達起司切成長寬1公分的四方形。

2 冷凍蝦放入鹽水中解凍，再將蝦子切成小姆指的寬度，洋蔥洗淨後也切小塊。

3 將雞蛋拌勻。

4 加入切塊的起司、蝦、洋蔥。

5 再倒入牛奶。

6 全部攪拌均勻，並加少許鹽巴。

7 在方形平底鍋中加入食用油，再以紙巾稍微去除多餘油分。

8 將步驟⑥的蛋液放入平底鍋中做成歐姆蛋，起鍋後對半切開。

9 若用大火製作歐姆蛋可能會燒焦，所以務必用小火烘熟。

10 將酸黃瓜片搗碎。土司的一面抹上番茄調醬，再加入搗碎的酸黃瓜。

11 接著放上鮮蝦歐姆蛋。

12 最後加適量的番茄醬和黃芥末醬即完成。

TIP

- 製作歐姆蛋時，過多的食用油會導致歐姆蛋無法漂亮成型，所以可以先用紙巾稍微擦拭多餘的油分。
- 歐姆蛋加些許牛奶會更順口。

● 鮮蝦歐姆蛋三明治製作方法

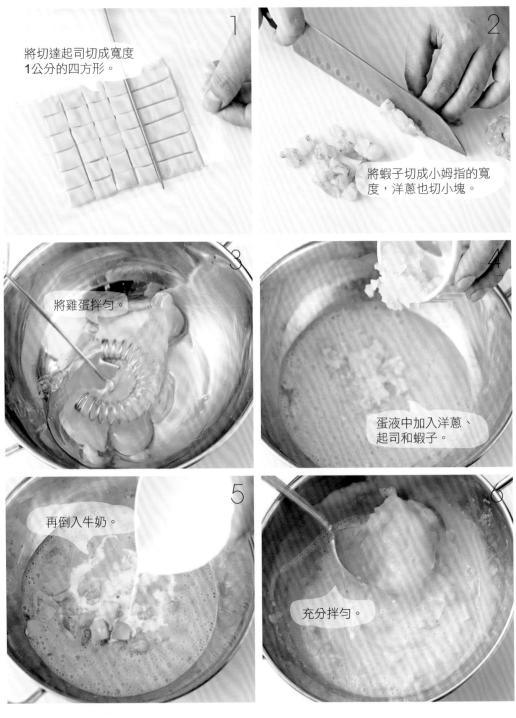

將切達起司切成寬度
1公分的四方形。

將蝦子切成小姆指的寬
度，洋蔥也切小塊。

將雞蛋拌勻。

蛋液中加入洋蔥、
起司和蝦子。

再倒入牛奶。

充分拌勻。

7 平底鍋中加入食用油，再以紙巾稍微去除多餘油分。

8 將蛋液放入鍋中。

9 用中小火製作歐姆蛋。

10 土司的一面抹上番茄調醬，再加搗碎的酸黃瓜。

在塗了番茄調醬和酸黃瓜的土司上放歐姆蛋。

12 歐姆蛋上加上番茄醬和黃芥末醬即完成。

墨西哥蝦捲餅三明治

這是利用墨西哥烤肉料理Fajita製作的三明治,搭配蔬菜、起司、辣椒粉一起烘烤,味道非常順口,廣受好評。尤其以墨西哥薄餅製成的捲型三明治,不但方便食用,也很適合當作外出時的便當。

Ready

墨西哥薄餅
(直徑24公分)...........1片
冷凍蝦.....................6～8隻
紫洋蔥.........1/8個(3片)
生菜...........................2片
辣椒粉...................1/2小匙
蜂蜜芥末醬.............2大匙
鹽巴、胡椒粉、食用油
.............................各少許
寇比起司.................適量

Recipe

1 蝦子洗淨,並去除水分。熱鍋中加進少許食用油後,放入蝦子,加少許鹽巴和胡椒粉煎過。

2 再撒上辣椒粉。

3 紫洋蔥洗淨切薄圈,生菜在流水中洗淨後瀝乾水分。

4 以直徑12公分左右的圓形模型將墨西哥薄餅切成2片。

5 墨西哥薄餅上先撒上蜂蜜芥末醬。

6 再放生菜。

7 生菜上放3～4隻蝦子。

8 再放紫洋蔥。

9 將寇比起司刨絲。

10 撒上刨絲的寇比起司。

11 將墨西哥薄餅捲起來,中間用包裝紙固定即完成。

TIP

—如果想要吃辣一點,可以增加辣椒粉的用量。若是覺得洋蔥的嗆味過重,切片後可以先泡冰水去味。

—如果沒有寇比起司,也可以用切達起司代替。

—剩下的墨西哥薄餅可以切細絲,沾奶油後撒砂糖、肉桂粉一起烤,就變成一道美味的點心。

● 墨西哥蝦捲餅三明治製作方法

1
熱鍋中加進食用油後，放入蝦子，加少許鹽巴和胡椒粉煎過。

2
再撒適量的辣椒粉。

3
紫洋蔥切薄圈。

4
以直徑10～12公分左右的圓形模型將墨西哥薄餅切成2片。

5
墨西哥薄餅上撒上蜂蜜芥末醬。

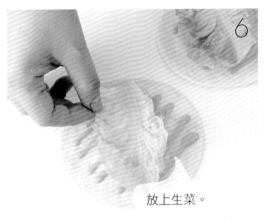

6

放上生菜。

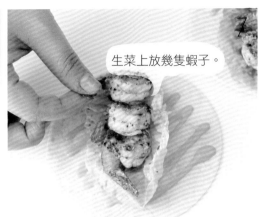

7

生菜上放幾隻蝦子。

8

蝦子上放紫洋蔥。

9

寇比起司刨絲。

10

洋蔥上放寇比起司。

11

將墨西哥薄餅捲起
來,中間用包裝紙
固定即完成。

番茄乾三明治

這是利用茄子、洋蔥和番茄乾為主要食材製作的三明治，適合中醫調養和素食者。番茄調醬的清爽口感搭配伊丹起司的香氣，融合成清新不油膩的口感。在食用之前先料理好食材，做好後熱熱地享用最適合！

 Ready

法式長棍麵包	10公分
洋蔥、茄子	各1/3個
番茄乾	3個
番茄調醬	3大匙
伊丹起司	適量
鹽巴、胡椒粉	各少許
橄欖油	適量

番茄調醬請參考第22頁

Recipe

1 洋蔥洗淨後切絲。

2 放入加有橄欖油的熱鍋中，加鹽巴和胡椒粉調味一起煎。

3 拌炒到熟。

4 茄子洗淨、切成0.5公分厚的片狀。

5 放入加進少許橄欖油的熱鍋中，煎至表面呈金黃色。

6 法式長棍麵包對半切開，不必完全切斷。

7 切面朝下放入烤盤中稍微烤過。

8 烤過的麵包內側塗抹番茄調醬。

9 再放上洋蔥。

10 洋蔥上放茄子。

11 再疊上伊丹起司片。

12 起司上放切半的番茄乾，再蓋上另一半麵包即完成。

TIP

－煎茄子時，要先熱鍋並加食用油，此時要注意，等油變熱後再放入茄子，茄子才不會吸入過多的油分。如果在油還沒熱時就放入，茄子會因此吸入更多的油，務必小心。

－如果沒有伊丹起司，也可以改用高達起司。

● 番茄乾三明治製作方法

1　洋蔥切絲。

2　放入加有橄欖油的熱鍋中，加入鹽巴和胡椒粉調味。

3　拌勻煎熟。

4　茄子切片。

5　放入加進少許橄欖油的熱鍋中，稍微煎過。

6　法式麵包分兩半切開。

7 法式麵包放入烤盤中稍微烤過。

8 在內側塗抹番茄調醬。

9 法式麵包上放炒洋蔥。

10 洋蔥上放烤茄子。

11 再將伊丹起司切片放在茄子上。

12 起司上放切半的番茄乾即完成。

水波蛋羅勒青醬三明治

WARM SANDWICH 14

這是結合了雞蛋、起司、培根和番茄的營養三明治，由於蛋白質豐富，是適合小孩子的營養餐點，也可以當作豐盛的中餐盡情享用。青醬的羅勒香氣和起司的風味相當絕配！

Ready

英式瑪芬 1個
培根 1片
雞蛋 1顆
高達起司片 1片
番茄片 1片
羅勒青醬、起司醬.... 1大匙
食醋 1/4杯

羅勒青醬、起司醬請參考第22頁

Recipe

1 將英式瑪芬對半切開。

2 放入預熱180℃的烤箱中烤5分鐘。

3 培根放入烤盤中，兩面烤至金黃、帶有烤痕。

4 滾水中放適量食醋。

5 倒入雞蛋水煮。

6 小心不要讓蛋黃破裂。

7 蛋白全熟後撈起。

8 雞蛋放入冷水中，冷卻後再撈起。

9 將一片英式瑪芬的內側均勻塗抹羅勒青醬。

10 依序放上高達起司、番茄片和培根。

11 再放上水波蛋。

12 最後加入起司醬，蓋上另一片英式瑪芬即完成。

TIP

－製作水波蛋時，要在滾水中加食醋，蛋白才能迅速凝固，讓蛋黃保持完整外觀不破裂，形成漂亮的水波蛋。蛋白熟透時要立刻撈起並放入冷水中冷卻，才能讓表面變堅固，同時避免蛋黃熟透。

● 水波蛋羅勒青醬三明治製作方法

1 英式瑪芬對半切開。

2 稍微烤過。

3 培根放入烤盤中烤至雙面呈金黃色。

4 滾水中加進食醋。

5 小心地將雞蛋放入滾水中。

6 保持外型煮。

7 蛋白全熟後撈起。

8 放入冷水中冷卻後再撈起。

9 英式瑪芬的內側均勻塗上羅勒青醬。

10 放上高達起司和番茄片。

11 再放上烤培根和水波蛋。

12 最後加上起司醬，蓋上另一片英式瑪芬即完成。

WARM SANDWICH 15

火腿起司捲

這是以土司包入火腿、起司後，捲起來加麵包粉油炸而成的特色三明治。口味尤其適合小孩子，是人氣點心料理之一。製作時用竹籤固定三明治，就像烤香腸一樣，有趣又能避免讓手沾到油。

Ready

土司	2片
火腿片	4片
切達起司	2片
雞蛋液	1個份量
麵包粉	1/2杯
鹽巴	少許
炸油	適量

Recipe

1 土司切邊。

2 以木板壓平。

3 土司上依序疊上一片火腿、一片切達起司、再一片火腿。

4 土司的其中一側留下2～3公分的空間。

5 將留下2～3公分的部分做為尾端，把土司捲起來。

6 將土司捲以保鮮膜包覆，放置一段時間，使其固定成長圓形。

7 將保鮮膜拆掉，依序沾雞蛋液。

8 再沾上麵包粉做成炸衣。

9 土司捲放入170℃的炸油中。

10 炸至外表呈金黃色時撈起，放入網中過濾油分。

11 在上司捲底端插上竹籤即完成。

TIP

－將火腿和起司捲起來時，食材會往外跑，所以土司要先預留空間，才能確保食材被包覆在三明治內。

－捲起來的三明治如果不用保鮮膜稍加固定就直接油炸，三明治可能會鬆開，所以要先包起來固定。

－如果在炸油溫度不足時放入三明治油炸，麵包粉和土司都會吸入許多油，因此務必在適當的溫度油炸。將麵包粉放入炸油中會立刻浮起來時，就是炸油的適當溫度。

● 火腿起司捲製作方法

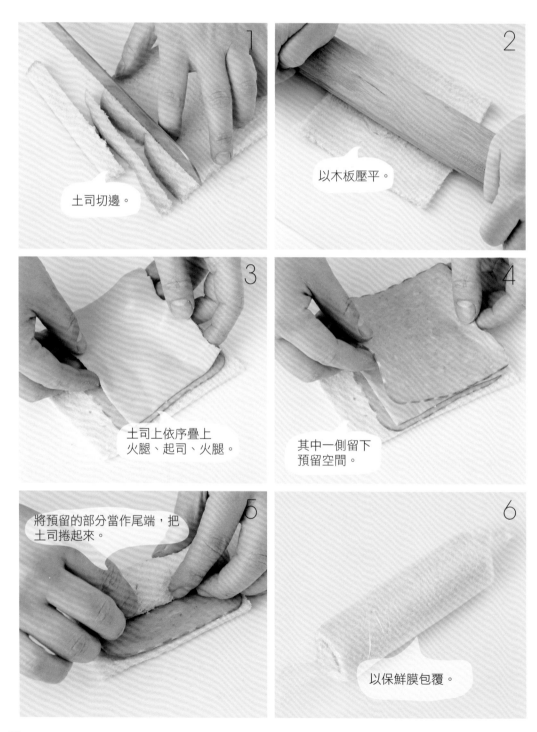

1 土司切邊。

2 以木板壓平。

3 土司上依序疊上火腿、起司、火腿。

4 其中一側留下預留空間。

5 將預留的部分當作尾端,把土司捲起來。

6 以保鮮膜包覆。

7 保鮮膜拆掉後，沾雞蛋液。

8 再裹麵包粉做為炸衣。

9 放入170℃的炸油中。

10 炸至均勻呈金黃色。

11 底端插上竹籤即完成。

玉米片起司三明治

WARM SANDWICH 16

玉米片的清脆口感和獨有的清淡風味很適合搭配起司,再準備一杯新鮮果汁或是清爽沙拉,就成為有飽足感的早午餐。

 Ready

貝果 1個
切達起司片 1片
玉米片 .... 少許
碎馬蘇里拉起司、起司醬
.... 各3大匙

起司醬請參考第22頁

Recipe

1 貝果橫向切半。

2 在一塊貝果的切面上放上切達起司。

3 玉米片壓碎。

4 取適量放在切達起司上。

5 放上另一面貝果,將切面朝上。

6 將貝果移到烤盤上,再倒入起司醬。

7 撒上剩下的玉米片。

8 最後撒上碎馬蘇里拉起司。

9 放入預熱200℃的烤箱中烤8～10分鐘即完成。

TIP

－這是加了豐富起司的三明治,選用像貝果一樣紮實口感的麵包最合適。

－趁起司凝固前品嘗三明治最美味,因此建議吃之前再烤即可。

－搭配水果或是加了清爽水果佐醬的沙拉一起吃,就是一份完整的餐點。

● 玉米片起司三明治製作方法

貝果橫向切半。 1

2
貝果的切面朝上，
放上切達起司片。

3
玉米片壓碎。

4
切達起司上放適量
的玉米片。

放上另一面貝果，將切面朝上。

移到烤盤上後倒入起司醬。

起司醬上再撒剩下的玉米片。

最後撒上碎馬里拉起司。

放入200℃的烤箱中烤8～10分鐘即完成。

WARM SANDWICH 17

炸起司三明治

在土司之間加入生馬蘇里拉起司，再裹上炸粉油炸過後，就是義大利式三明治
（Carrozza）。整體和蒙特克里斯托三明治（Montecristo）很相似，但沒有加
上火腿，口感也更加柔順。

Ready

土司	2片
生馬蘇里拉起司	50g
牛奶	1/4杯
雞蛋液	1個份量
低筋麵粉	適量
鹽巴、胡椒粉、糖粉	各少許
炸油	適量

Recipe

1 將土司切邊。

2 生馬蘇里拉起司切成1公分厚度。

3 土司上放生馬蘇里拉起司2片，撒上些許胡椒粉和鹽巴調味。
蓋上另一片土司，從2片起司間的縫隙切半。

4 切半的三明治先沾牛奶。

5 再沾麵粉。

6 最後沾雞蛋液做為炸衣。

7 準備大約可覆蓋一半土司的炸油，加熱至160℃後，放入裹好
炸衣的三明治。

8 三明治翻面，讓前後面炸勻呈金黃色，再撈起。

9 放在濾網中。

10 靜置約1分鐘左右。

11 三明治斜向切半，放入盤中。

12 最後撒上糖粉即完成。

TIP

－三明治油炸撈起後放置濾網1分鐘，可以去油，而且熱氣能讓起
司軟化。

－搭配莓果類的果醬一起吃更美味。

● 炸起司三明治製作方法

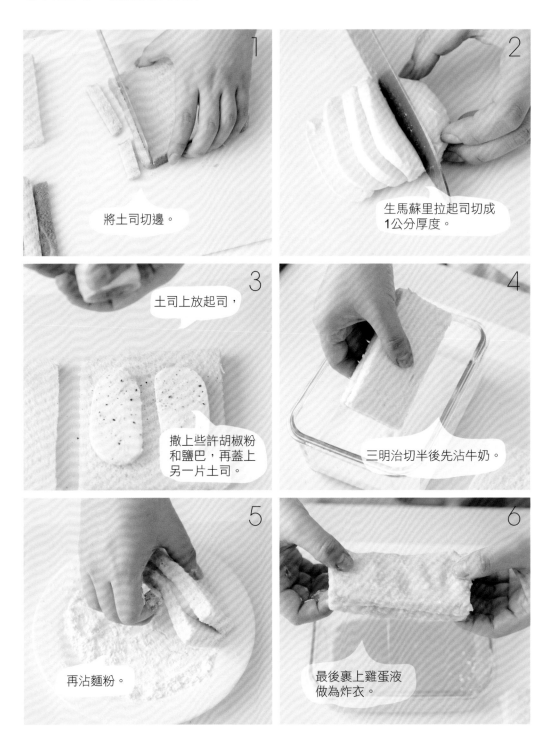

1 將土司切邊。

2 生馬蘇里拉起司切成1公分厚度。

3 土司上放起司，

撒上些許胡椒粉和鹽巴，再蓋上另一片土司。

4 三明治切半後先沾牛奶。

5 再沾麵粉。

6 最後裹上雞蛋液做為炸衣。

7

放入約覆蓋一半土司的160℃炸油中油炸。

8

炸至金黃色後撈起。

9

起鍋後放入濾網中。

10

放置1分鐘左右瀝乾油分。

11

三明治斜向切半。

12

撒上糖粉即完成。

WARM SANDWICH 18

照燒雞肉三明治

這是以醬油為主醬料做調味，結合雞肉和洋蔥、起司一起製成的三明治，口感溫和，適合全家人一起享用。而且富有飽足感，能當作正餐，不管是中午的便當，或是搭配啤酒，在晚餐閒聊時享用都很不錯。

🧺 Ready

熱狗麵包...................................1個
雞腿肉.......................................1塊
洋蔥.......................................1/2個
萵苣葉（小片）.........................2片
高達起司片...............................1片
蔥...1根
食用油.....................................少許

雞肉醬料
醬油、味醂.........各1/2大匙
砂糖.......................................1小匙
碎薑.......................................少許

Recipe

1 洋蔥洗淨、切成圓形薄片後，泡冰水去除辣味。

2 用刀子將雞腿肉較厚的部分斜劃幾道。

3 平底鍋加食用油，熱鍋後放入雞腿肉，煎至兩面呈金黃色。

4 煎雞腿肉的同時，在另一個鍋子中放入雞肉醬料的材料，開中火，將醬料濃度煮至變濃稠。

5 雞腿肉90%熟透後，放入醬料鍋中。

6 兩面皆煎至上色。

7 用刀子將熱狗麵包切半。

8 麵包中放入洗淨、撕成適當大小的萵苣葉。再放入用醬料煎過的雞腿肉。

9 雞腿肉上擺放切成三角形的高達起司片。

10 再將洋蔥去除水分，放在起司片上。

11 最後放上切成小圈的蔥，蓋上麵包即完成。

TIP

－煎雞肉時如果先煎帶皮的那一側，皮會變得乾硬萎縮，所以要先煎帶肉的那一側。

－料理雞肉的時間過久就會太鹹，務必要注意。

● 照燒雞肉三明治製作方法

1 洋蔥切成圓形薄片後,泡冰水去除辣味。

2 用刀子將雞腿肉較厚的部分斜劃幾道。

3 加油熱鍋後放入雞腿肉,煎至兩面呈金黃色。

4 平底鍋中放入雞肉醬料,煮至醬汁變濃稠。

5 雞腿肉90%熟透後,放入有醬料的鍋中再煎過。

6 反面也要煎。

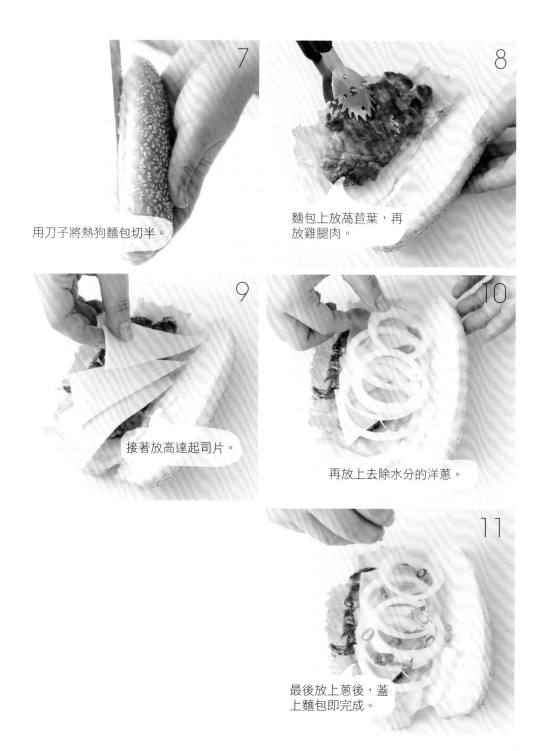

用刀子將熱狗麵包切半。

麵包上放萵苣葉，再放雞腿肉。

接著放高達起司片。

再放上去除水分的洋蔥。

最後放上蔥後，蓋上麵包即完成。

烤肉茄子三明治

義式黑醋洋蔥牛排三明治

烤肉茄子三明治

這是以烤肉醬做出散發風味的牛肉，搭配烤茄子、鳳梨、葛瑞爾起司組合而成的三明治，可以當作完整的一餐。另外，這道三明治和番茄義大利麵很對味，在招待客人或是想要營造特別氣氛時，可以這樣搭配食用。

Ready

拖鞋麵包	1個
牛肉（烤肉用）	150g
罐頭鳳梨	2片
茄子	1/3個
洋蔥	1/8個（2片）
蘿蔓葉	1片
葛瑞爾起司、美乃滋、食用油	各少許

烤肉醬料

醬油	1大匙
砂糖、碎蒜頭	各1/2小匙
搗碎蔥	少許

Recipe

1 準備烤肉用牛肉，倒入烤肉醬料。

2 靜置30分鐘。

3 所有蔬菜皆洗淨。洋蔥切薄圈後，浸泡冰水去除辣味。

4 茄子斜切成0.5公分厚度的片狀。

5 烤盤熱鍋後，加少許食用油，再放入鳳梨和茄子，烤至兩面留下烤痕。

6 平底鍋熱鍋後放入牛肉，分散翻炒，注意不要讓醬料烤焦。

7 拖鞋麵包對半切開，切面塗上薄薄一層美乃滋。

8 麵包上鋪滿蘿蔓葉後，放上烤肉。

9 烤肉上先放碎葛瑞爾起司。

10 再放烤茄子和鳳梨。

11 最後擺上瀝乾水分的洋蔥。

12 蓋上另一片拖鞋麵包即完成。

TIP

－茄子和鳳梨先用烤盤烤過，會留下烤痕，讓整體看起來更美味。

－如果洋蔥沒有嗆辣味，就不必泡冰水，直接使用即可。

－若沒有葛瑞爾起司，則可以用馬蘇里拉起司代替。使用馬蘇里拉起司時，將三明治放入烤箱中，起司就會融化。

－放入三明治的烤牛肉要比一般的烤肉使用更多醬料，三明治才會夠味。

義式黑醋洋蔥牛排三明治

這是牛排搭配法式麵包，再加上黑醋和洋蔥，充分提升香氣與味蕾的三明治。
如果能和沙拉、紅酒一起享用更是推薦。

Ready

法式麵包..................15公分
牛肉
（牛排用牛里肌）.........2片
洋蔥.........................1/2個
伊丹起司片、蘿蔓葉
..............................各1片
芥末籽美乃滋...........1大匙
胡椒粉、鹽巴.............適量

黑醋洋蔥醬料

黑醋.........................1/4杯
砂糖.....................1/2小匙
水.............................適量

芥末籽美乃滋參考第20頁

Recipe

1 先將牛肉撒上胡椒粉和鹽巴調味。洋蔥洗淨、切薄圈後，放入鍋中。

2 加入黑醋。

3 倒水至稍微覆蓋洋蔥後持續加熱，水滾後轉中火。

4 將調味後的牛肉放入烤盤中，烤至半熟後翻面繼續烤。幾乎全熟後再翻面，讓牛肉留下棋盤格狀的烤痕。

5 等洋蔥煮到呈深黑、濃稠後，放入砂糖收汁。

6 將法式麵包割開，但不切斷。

7 一面塗抹芥末籽美乃滋。

8 另一面則鋪上洗淨、瀝乾水分的蘿蔓葉。

9 蘿蔓葉上放烤牛肉，再放切半的伊丹起司片。

10 起司上放滿料理過的洋蔥後，將法式麵包稍微合起，再淋上美乃滋即完成。

TIP

－若以大火處理洋蔥，非但無法去味，還會讓水分快速變乾，所以在水滾後就要轉中火。黑醋洋蔥料理也可以另外盛盤，在吃牛排時搭配食用。

－牛肉要準備1公分厚度的肉，在烤盤上烤出棋盤格子模樣，會讓三明治整體看起來更美味。

● 烤肉茄子三明治製作方法

將烤肉醬料倒入牛肉中。

稍微抓入味,並靜置30分鐘。

洋蔥切薄圈後,浸泡冰水去除辣味。

茄子斜切0.5公分厚度。

將鳳梨和茄子放入烤盤烤。

將浸泡過醬料的牛肉放入平底鍋翻炒。

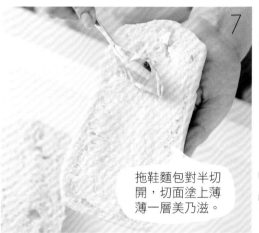

7

拖鞋麵包對半切開，切面塗上薄薄一層美乃滋。

8

鋪滿蘿蔓葉後，再放上烤肉。

9

烤肉上放碎葛瑞爾起司。

10

起司上放烤茄子和鳳梨。

11

再放上瀝乾水分的洋蔥。

12

蓋上另一片拖鞋麵包即完成。

● 義式黑醋洋蔥牛排三明治製作方法

1
洋蔥切薄圈。

2
放入鍋中並加上
黑醋。

3
倒水至稍微覆蓋洋
蔥後加熱。

4
牛肉放入烤盤中,烤至
兩面留下烤痕。

5
洋蔥煮到呈深黑、
濃稠後,放入砂糖
收汁。

6
將法式麵包割開。

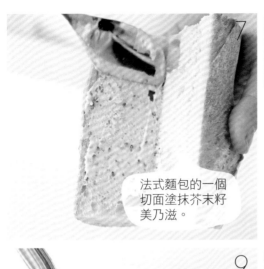

7

法式麵包的一個切面塗抹芥末籽美乃滋。

8

另一面鋪上蘿蔓葉。

9

放上牛排和起司片。

10

放上料理過的洋蔥。

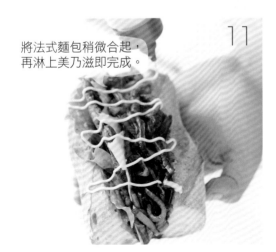

11

將法式麵包稍微合起，再淋上美乃滋即完成。

雞肉捲三明治

WARM SANDWICH 21

這是用軟嫩的雞里肌肉沾辣醬後油炸，再搭配高麗菜，以墨西哥捲餅做成可以拿著食用的三明治。微辣的醬料和清爽口感的高麗菜絲，讓炸雞的風味更添一分。這個三明治除了可以直接用手拿著吃，也可以輕鬆包裝，做成簡單的便當。

🧺 **Ready**

墨西哥薄餅	2片
雞里肌肉	4片
蘿蔓葉	2片
高麗菜	1/10個
蜂蜜芥末醬	2大匙
炸雞粉	4大匙
水	2大匙
油炸用油	適量

雞肉醬料

清酒	1大匙
辣椒粉	2小匙
搗碎蒜頭	1小匙
鹽巴、胡椒粉	各少許

Recipe

1 雞肉加入醬料中拌勻。

2 靜置一會兒使其入味。

3 將醃過的雞肉放入炸雞粉中。

4 並加少許的水攪拌，讓雞肉裹滿炸粉。

5 將雞肉一一放入180℃的炸油中。

6 炸至外表呈金黃色後撈起，放入濾網中濾油。雞肉如果要炸得酥脆，攪拌時不要拌太久。如果希望炸得再脆一些，裹好炸衣後可以再沾一次炸粉。

7 用刨刀將洗淨的高麗菜刨成絲，越細越美味。

8 在墨西哥薄餅上淋蜂蜜芥末醬。

9 再放上蘿蔓葉，讓葉緣對齊薄餅邊緣。蘿蔓葉上先放炸雞肉。

10 再擺高麗菜絲。

11 最後淋上蜂蜜芥末醬後，摺起薄餅。

12 全部包起來即完成。

TIP
－如果是要準備給小孩子吃，醬料中的辣椒粉可以用薄荷粉取代。

● 雞肉捲三明治製作方法

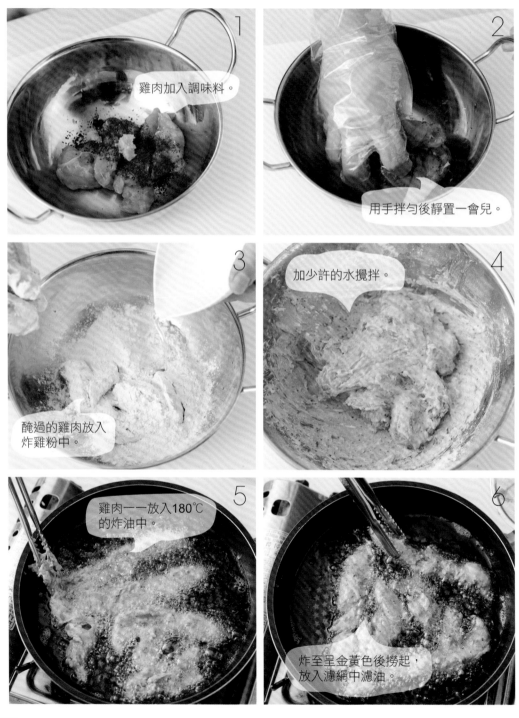

1 雞肉加入調味料。

2 用手拌勻後靜置一會兒。

3 醃過的雞肉放入炸雞粉中。

4 加少許的水攪拌。

5 雞肉一一放入180℃的炸油中。

6 炸至呈金黃色後撈起，放入濾網中濾油。

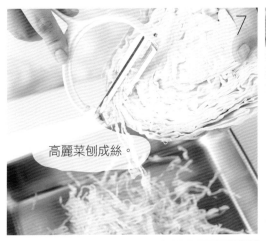

7

高麗菜刨成絲。

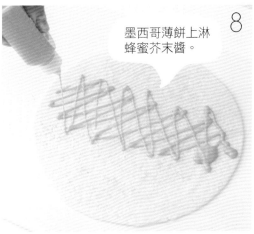

8

墨西哥薄餅上淋
蜂蜜芥末醬。

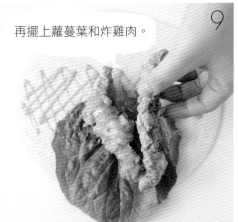

9

再擺上蘿蔓葉和炸雞肉。

10

炸雞上擺高麗菜絲,再
撒些蜂蜜芥末醬。

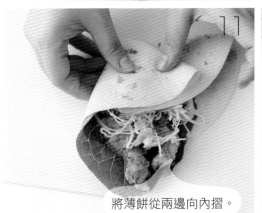

11

將薄餅從兩邊向內摺。

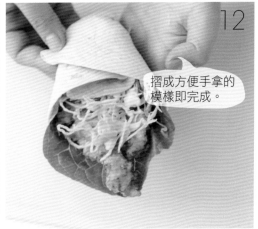

12

摺成方便手拿的
模樣即完成。

豬排三明治

塗抹芥末籽美乃滋的全麥麵包搭配多汁豬排，再加上滿滿的清脆生菜，就完成這道特別的三明治。不只能當作飽腹的正餐，就營養層面而言，也是相當均衡。

 Ready

全麥麵包..........................2片
豬肉（里肌）.....................1塊
高麗菜...........................1/10個
萵苣葉............................1片
芥末籽美乃滋...........2大匙
市售豬排醬、白酒、鹽巴、
胡椒粉.....................各少許
雞蛋液.....................1顆份量
麵粉、麵包粉、油炸用油
...........................各適量

芥末籽美乃滋參考第20頁

Recipe

1 將蔬菜皆洗淨。高麗菜切細絲後泡冰水。

2 豬排先用白酒、鹽巴、胡椒粉調味，而豬肉要準備厚實的里肌肉，三明治才會有飽足感。

3 輕輕沾裹麵粉。

4 沾雞蛋液。

5 再沾麵包粉做為炸衣。

6 放入180℃的炸油中。

7 炸至全體金黃酥脆後撈起。

8 放入濾網中濾油。

9 將全麥麵包的一面塗抹芥末籽美乃滋。

10 再擺放去除水分的高麗菜絲。

11 高麗菜上放炸豬排，並淋上豬排醬。

12 最後擺上萵苣葉，蓋上另一片全麥麵包即完成。

TIP

- 高麗菜切絲後泡冰水，吃起來口感會更清脆。放入三明治前要用紙巾完全去除水分。

- 豬肉裹炸衣時，麵粉是扮演雞蛋液黏著劑的角色，應該輕輕沾取就好，沾完後還要輕輕抖掉過多的粉，這樣炸出的口感才會清爽不厚重。

- 豬排也可以直接使用市售的成品來料理。

●豬排三明治製作方法

1 高麗菜切細絲後泡冰水。

2 豬排加白酒、鹽巴、胡椒粉調味。

3 沾裹麵粉。

4 再沾雞蛋液。

5 最後裹麵包粉做為炸衣。

6 將裹好炸衣的豬排放入180℃的炸油中油炸。

7 豬排炸至金黃酥脆後撈起。

8 放入濾網中濾油。

9 全麥麵包塗抹上芥末籽美乃滋。

10 放上去除水分的高麗菜絲。

11 放上豬排,並淋上豬排醬。

12 擺萵苣葉,再蓋上另一片全麥麵包即完成。

03

冷三明治

這裡要介紹的是利用冰箱中儲存的食材直接製作的
三明治。這些三明治只要一兩種材料就能完成，再
搭配飲料，就是簡單的一餐。假如搭配沙拉，就成
為完整的早午餐。或是經過包裝一下，變成簡單的
便當，對小孩子來說，更是營養滿點的點心！

覆盆子馬斯卡彭起司三明治

楓糖奶油起司三明治

覆盆子馬斯卡彭起司三明治

🧺 Ready

土司 3片
鮮奶油 100ml
馬斯卡彭起司 1.5大匙
覆盆子醬 1大匙
砂糖 1小匙
鹽巴 .... 少許

Recipe

1 鮮奶油冷卻靜置後加入砂糖，以攪拌器或打泡機打成泡沫。

2 馬斯卡彭起司和1/2大匙覆盆子醬拌勻，再加少許鹽巴，做成覆盆子起司。

3 將土司切邊。在一片土司上塗抹剩下的覆盆子醬。

4 再塗適量的鮮奶油，蓋上一片土司。

5 在第三片土司上塗上覆盆子起司，最後疊上即完成。

TIP

－如果鮮奶油的份量過少，打成泡沫時，會無法堅硬成型。打成泡沫的鮮奶油可以用來抹三明治、沾麵包或是加到飲料中。

－將馬斯卡彭起司和果醬混合時，加一點鹽巴能增添風味。

楓糖奶油起司三明治

🧺 Ready

貝果 1個
奶油起司 5大匙
楓糖醬 2/3大匙
堅果類、蔓越莓乾 .. 各適量

Recipe

1 貝果對半切開，以180℃的烤箱烤5分鐘。

2 奶油起司加上楓糖醬。

3 充分拌勻。根據喜好準備堅果類並搗碎，蔓越莓乾也切小塊。

4 烤貝果的一面塗滿楓糖奶油起司。

5 放上堅果類和蔓越莓乾。

6 再蓋上另一片貝果即完成。

TIP

－堅果類可以準備杏仁、花生、腰果等各類型，楓糖奶油起司和核桃格外搭配。也可依據喜好以葡萄乾、無花果等取代蔓越莓。

－如果沒有烤箱，可以將貝果放上不沾油的平底鍋烤。

●覆盆子馬斯卡彭起司三明治製作方法

1　鮮奶油加砂糖後打成泡沫。

2　馬斯卡彭起司和1/2大匙覆盆子醬拌勻，並加少許鹽巴。

3　一片土司上塗剩下的覆盆子醬。

4　果醬上塗鮮奶油，再蓋上土司。

5　另一片土司上塗抹覆盆子馬斯卡彭起司。

6　疊上三明治即完成。

● 楓糖奶油起司三明治製作方法

1. 貝果對半切開，以180℃的烤箱烤5分鐘。

2. 奶油起司加入楓糖醬。

3. 攪拌均勻。

4. 烤貝果的一面塗滿楓糖奶油起司。

5. 再放搗碎的堅果類和蔓越莓乾。

6. 蓋上另一片貝果即完成。

香蕉巧克力捲

冰淇淋三明治

香蕉巧克力捲

Ready

墨西哥薄餅
（直徑20公分）.......... 1張
香蕉（大條）.......... 1/2條
榛果醬.......................... 3大匙
杏仁片.......................... 2大匙

Recipe

1 墨西哥薄餅的2/3面積塗上榛果醬。

2 將杏仁片搗碎。

3 撒在抹醬的薄餅上面。

4 香蕉去皮，排成一直線。

5 放在榛果醬的中間，約占1/3位置。

6 用墨西哥薄餅將香蕉捲起來。將薄餅捲起時，要像捲壽司一樣紮實，薄餅和香蕉才不會分離。

7 墨西哥薄餅尾端部分塗一些榛果醬，讓薄餅黏合。

8 切成3～4公分方便食用的大小即完成。

TIP

－榛果醬就是加了榛果的巧克力醬，甜中帶有獨特的香氣。

－香蕉要盡量選用熟度適中不過軟的程度。

冰淇淋三明治

Ready

白麵包.......................... 1個
香草冰淇淋.................. 1杯
巧克力醬...................... 少許

Recipe

1 白麵包對半切開後，用擀麵棍壓扁。

2 麵包放入熱平底鍋中，同時用小鍋子壓，烤至兩面呈焦黃。

3 麵包起鍋後需等到完全冷卻，才能挖冰淇淋放上，再蓋上另一片麵包。

4 淋上少許巧克力醬即完成。冰淇淋可以根據喜好選擇口味，巧克力醬也可以先淋在冰淇淋上，再蓋上麵包。

TIP

－麵包要在不加油或奶油的情況下煎烤，才能像餅乾一樣酥脆。

－邊煎邊用小鍋子壓時，麵包上加一層隔熱紙較衛生。

● 香蕉巧克力捲製作方法

墨西哥薄餅的2/3面積都塗上榛果醬。

將杏仁片搗碎。

撒在墨西哥薄餅上面。

香蕉去皮,排成一直線。

香蕉放在榛果醬上方,約占1/3位置。

用墨西哥薄餅將香蕉捲起來。

墨西哥薄餅尾端部分塗一
些榛果醬，讓薄餅黏合。

切成方便食用的大
小即完成。

● 冰淇淋三明治製作方法

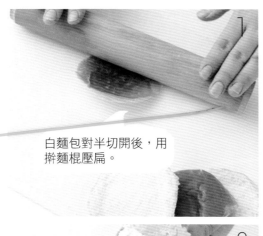

白麵包對半切開後，用
擀麵棍壓扁。

麵包放入熱平底鍋
中煎至焦黃，並用
小鍋子壓。

麵包完全冷卻後，挖
冰淇淋放至麵包上。

在三明治上淋巧克力
醬即完成。

南瓜土司捲

這是將美乃滋和南瓜調製成的佐醬塗抹在土司上,再切成適合手指拿的一口食物。黃色的南瓜搭配白色的土司讓視覺更加分。南瓜土司捲口感柔順,可以做為小孩子或年長者的點心,或是當作便當或派對食物也很適合。

Ready

土司	4片
南瓜	1/8個
美乃滋	2/3大匙
砂糖	1/4小匙
鹽巴、葡萄乾	各少許

Recipe

1 將南瓜洗淨,分成4等份並去籽。

2 放入微波專用袋加熱7～8分鐘。

3 南瓜熟透後,用湯匙將果肉挖出。

4 再用叉子輕輕搗碎。

5 在搗碎的南瓜中加入砂糖。

6 再加入美乃滋、鹽巴調味,做成南瓜內餡。

7 土司切邊,並用木板壓平。

8 取南瓜內餡塗抹土司約2/3的面積。

9 再將土司捲起來。

10 用保鮮膜將南瓜土司捲包緊,保持圓柱狀靜置。

11 土司捲成型後,拆掉保鮮膜,切成方便一口食用的大小。

12 再用葡萄乾裝飾即完成。

TIP

－用微波爐加熱南瓜比用傳統電鍋更節省時間。

－用保鮮膜包土司捲時,就像在包糖果一樣,要將兩端底部拉緊,才能保持圓形的外觀。

－如果沒有南瓜,也可以用地瓜代替。不過地瓜的糖分較低,可以加些果糖或蜂蜜提味。

● 南瓜土司捲製作方法

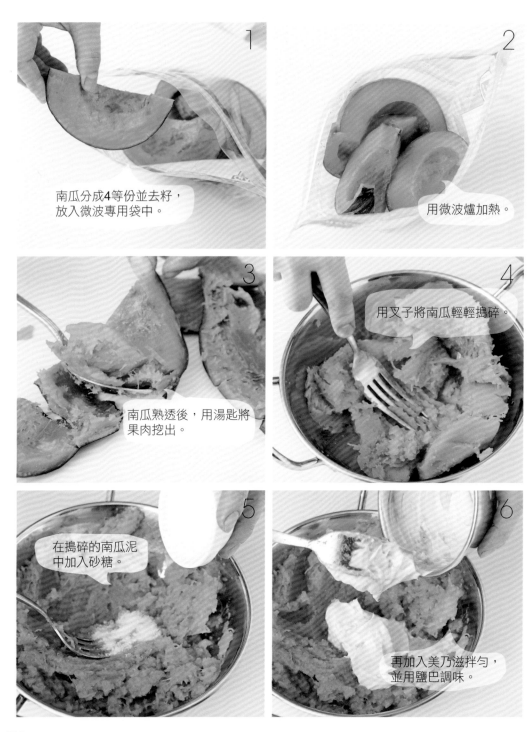

1
南瓜分成4等份並去籽，放入微波專用袋中。

2
用微波爐加熱。

3
南瓜熟透後，用湯匙將果肉挖出。

4
用叉子將南瓜輕輕搗碎。

5
在搗碎的南瓜泥中加入砂糖。

6
再加入美乃滋拌勻，並用鹽巴調味。

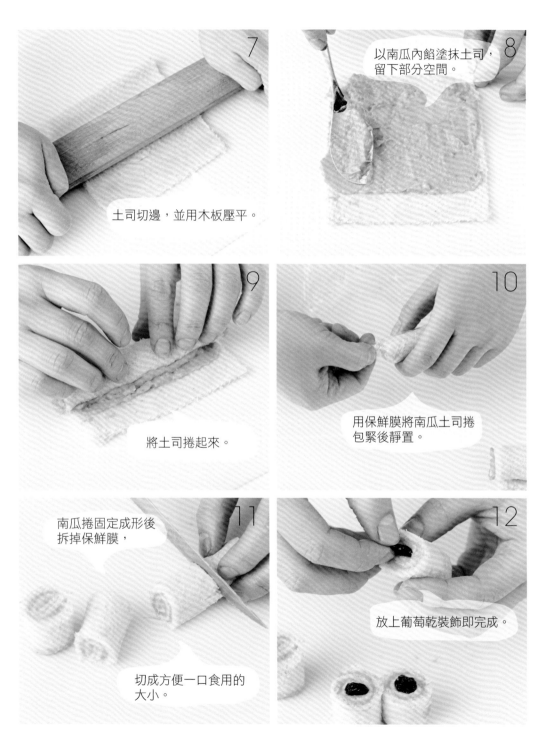

7 土司切邊，並用木板壓平。

8 以南瓜內餡塗抹土司，留下部分空間。

9 將土司捲起來。

10 用保鮮膜將南瓜土司捲包緊後靜置。

11 南瓜捲固定成形後拆掉保鮮膜，切成方便一口食用的大小。

12 放上葡萄乾裝飾即完成。

義式香腸起司三明治

這是在貝果中夾入義式香腸片、起司、洋蔥和小番茄的三明治,義式香腸片有獨特的鹹味,以及富含油脂的口感,會讓蔬菜更顯清爽。

Ready

貝果 1個
義式香腸片 5片
伊丹起司片 1片
小番茄 6顆
紫洋蔥 1/6個
芥末籽美乃滋 2大匙

芥末籽美乃滋參考第20頁

Recipe

1 貝果橫切3等份。

2 以180℃的烤箱烤3分鐘。

3 將蔬菜洗淨。小番茄切成圓厚片。

4 紫洋蔥也切成圈狀。

5 將3片貝果的一面都塗上芥末籽美乃滋。

6 疊在最下層的貝果放上義式香腸片。

7 再放洋蔥。

8 洋蔥上放第二層貝果。

9 再放上伊丹起司片。

10 起司上擺小番茄片。

11 最後再蓋上最上層貝果即完成。

TIP

－貝果烤太久會變硬,只要稍微烤過就好。
－如果沒有伊丹起司,可以用高達起司代替。
－如果無法接受義式香腸片特有的香味,改用火腿片代替也可以。

● 義式香腸起司三明治製作方法

1 貝果橫切3等份。

2 稍微烤過。

3 小番茄切成圓厚片。

4 紫洋蔥切圈狀。

5 3片貝果的一面皆塗上芥末籽美乃滋。

6 有抹醬的那一面貝果上放義式香腸片。

7

義式香腸片上放洋蔥。

8

洋蔥上蓋第二層貝果。

9

再放伊丹起司片。

起司上放小番茄。

11

番茄上面蓋最後一片
貝果即完成。

139

鮪魚雞蛋三明治

鮪魚雞蛋三明治

這是一片土司享用兩種醬料的創意三明治。除了雞蛋和鮪魚外，還加入滿滿的
蔬菜，讓口感更豐富，而且營養均衡。

Ready

土司	4片
長條狀小黃瓜片	1片
（土司對角線的長度）	
美乃滋	2大匙

雞蛋沙拉

雞蛋	1顆
小黃瓜	1/8個
洋蔥	1/8個
美乃滋	2大匙
砂糖	1/3小匙
鹽巴、胡椒粉	各少許

鮪魚沙拉

鮪魚罐頭	1個
洋蔥	1/8個
蜂蜜芥末醬	1大匙
美乃滋	1小匙

Recipe

1 將蔬菜皆洗淨。雞蛋煮熟後泡冰水冷卻，剝殼並搗碎。

2 將雞蛋沙拉食材的小黃瓜切半後切薄片，洋蔥也切成適當大小後，一起加鹽巴醃漬，再擰乾水分。

3 將準備好的雞蛋、小黃瓜和洋蔥放入碗中，加美乃滋、砂糖、鹽巴和胡椒粉一起拌勻，雞蛋沙拉即完成。

4 將鮪魚沙拉食材的罐頭鮪魚倒出油脂後，放入碗中搗碎，加入切小塊的洋蔥一起攪拌。

5 再加入蜂蜜芥末醬和美乃滋一起拌勻，鮪魚沙拉即完成。

6 將土司切邊。

7 土司上面擺切成長條形的小黃瓜，放在對角線上，一半鋪滿雞蛋沙拉，另一半則放鮪魚沙拉。

8 蓋上另一片土司，從不同於小黃瓜方向的另一條對角線切開即完成。

TIP

－製作雞蛋沙拉時，要完全將小黃瓜和洋蔥的水分擰乾，才不會出水。如果覺得小黃瓜和洋蔥太鹹，可以先浸水後再擰乾。

● 雞蛋沙拉製作方法

雞蛋煮熟後切碎。

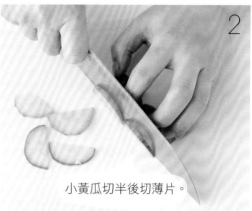

小黃瓜切半後切薄片。

洋蔥也切成適當大小。

小黃瓜和洋蔥
加鹽巴醃漬。

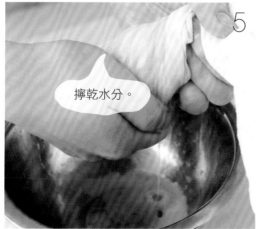

擰乾水分。

雞蛋和小黃瓜、洋蔥、
美乃滋、砂糖、鹽巴、
胡椒粉一起拌勻即可。

●鮪魚沙拉製作方法

1

洋蔥切小塊。

2

鮪魚去油後，放入
碗中搗碎。

3

在搗碎的鮪魚中
加入洋蔥拌勻。

4

再加入蜂蜜芥末
醬和美乃滋。

5

攪拌均勻。

6

完成鮪魚內餡。

● 鮪魚雞蛋三明治製作方法

將土司切邊。

小黃瓜放至土司的
對角線上。

以小黃瓜為分界，
一邊放鮪魚沙拉，
一邊放雞蛋沙拉。

蓋上另一片土司。

從小黃瓜的另一條
對角線切開即完成。

馬鈴薯沙拉三明治

這是將搗碎的馬鈴薯加上小黃瓜、洋蔥以及火腿，一起夾入土司中製成的三明治，口感相當溫和清爽。只要內餡飽滿就能增添美味度，因此為防食材有漏出的疑慮，土司邊緣最好用三明治模具壓過，才會如同閉合的水餃般方便食用。

Ready

土司	4片
馬鈴薯	1個
火腿片	1片
小黃瓜	1/4條
洋蔥	1/8個
美乃滋	1大匙
奶油	1/3大匙
鹽巴、胡椒粉	各少許

Recipe

1 蔬菜皆洗淨。小黃瓜切半後切薄片。

2 洋蔥也切成適當大小。

3 小黃瓜和洋蔥一起加鹽巴醃漬。

4 馬鈴薯放入微波專用袋中加熱約7分鐘。

5 火腿片切成0.7公分左右寬度的條狀。

6 將小黃瓜和洋蔥的水分用手擰乾後，再用紙巾吸乾剩餘水分。

7 馬鈴薯熟透後，放到沾濕的布上，去皮。

8 趁熱搗碎，再加入奶油拌勻，並用鹽巴和胡椒粉調味。

9 趁著搗碎馬鈴薯還保有熱度時，加入火腿、醃過的小黃瓜和洋蔥以及美乃滋一起拌勻。

10 在土司正中央放上內餡，再蓋上另一片土司。

11 以三明治模具輔助。

12 讓兩片土司貼合成形即完成。

TIP

－馬鈴薯要趁熱搗碎。

－在馬鈴薯還有熱度時加入洋蔥拌勻，就能去除洋蔥的嗆味。

－內餡可以在冰箱中冷藏保存2～3天。

－如果喜歡多點甜味，可以在製作內餡時，加一些蜂蜜或寡糖。

● 馬鈴薯沙拉三明治製作方法

1 小黃瓜切半後切薄片。

2 洋蔥切成適當大小。

3 小黃瓜和洋蔥一起加鹽巴醃漬。

4 馬鈴薯放入微波專用袋中加熱約7分鐘，讓馬鈴薯熟透。

5 火腿片切成條狀。

6 將小黃瓜和洋蔥的水分擰乾。

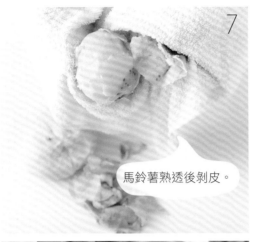

7

馬鈴薯熟透後剝皮。

8

趁熱將馬鈴薯搗碎，
加入奶油拌勻，

並加鹽巴和胡椒粉調味。

9

在搗碎的馬鈴薯中
加小黃瓜、洋蔥和
火腿拌勻。

10

土司正中央放上內餡。

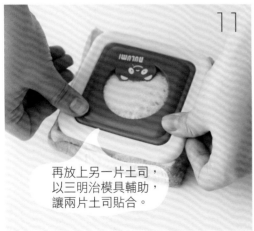

11

再放上另一片土司，
以三明治模具輔助，
讓兩片土司貼合。

12

成形即完成。

鮮蝦芥末籽烤三明治

這是以鮮蝦和芥末籽組合,帶有獨特風味的北歐式烤三明治。和蝦子一起拌勻的有芹菜、蘋果與洋蔥,低鹽又低卡,想要瘦身的朋友也能放心地盡情享用。

Ready

土司 2片
冷凍蝦
(小隻) ....14～16隻
蘋果 1/4顆
洋蔥 1/6個
芹菜 5公分長段
蘿蔓葉 1片
美乃滋 1.5大匙
芥末籽 1/4小匙
清酒、鹽巴、胡椒粉
...............................各少許

Recipe

1 將冷凍蝦放入鹽水中稍微洗淨,再放入加有清酒的滾水中汆燙、瀝乾。

2 所有蔬果皆洗淨。蘋果帶皮一起切碎。

3 洋蔥切碎。

4 芹菜也切碎。

5 調理盆中放入蘋果、洋蔥、芹菜、美乃滋和芥末籽,並加少許鹽巴和胡椒粉拌勻。

6 再加入蝦子攪拌。

7 土司烤至表面酥脆。

8 將土司切邊。

9 取一片土司由對角線切開。

10 取另一片土司,上面鋪蘿蔓葉。

11 再放上滿滿的鮮蝦沙拉。

12 切開的土司可放在一側裝飾即完成。

TIP

－如果蘋果和蔬菜切得太大塊,會和整體不搭配,所以要切小塊。

－還可以加入煮熟的雞蛋一起打碎,如此一來,就能當作營養充足的正餐。

－內餡要放在土司正中央,距離土司邊要稍留空間。

●鮮蝦芥末籽烤三明治製作方法

1 將冷凍蝦放入鹽水中稍微洗淨，
再放入加有清酒的滾水中汆燙。

2 蘋果切碎。

3 洋蔥切碎。

4 芹菜切碎。

5 盆中放入蘋果、洋蔥、芹菜、美乃滋和芥末籽，
並加少許鹽巴和胡椒粉拌勻。

6 加入蝦子，再次攪拌。

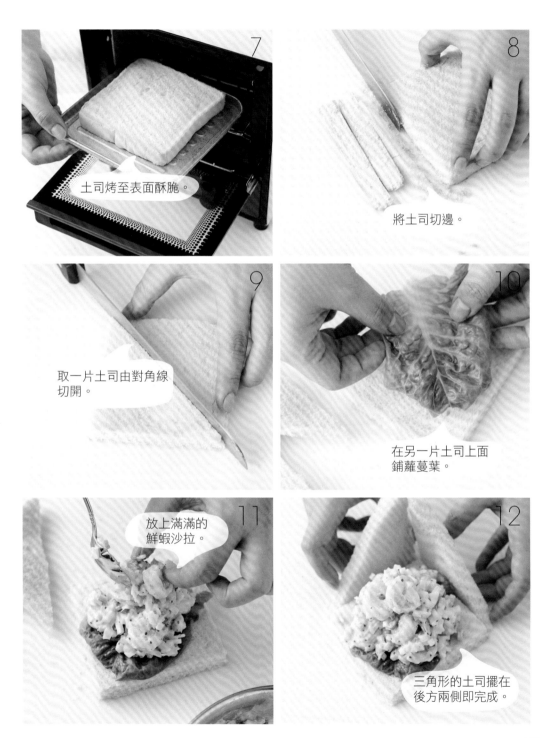

土司烤至表面酥脆。

將土司切邊。

取一片土司由對角線切開。

在另一片土司上面鋪蘿蔓葉。

放上滿滿的鮮蝦沙拉。

三角形的土司擺在後方兩側即完成。

地中海式橄欖起司三明治

這是以菲達起司、黑橄欖、小番茄、橄欖油和檸檬汁等組合而成的地中海風味三明治，口味相當清爽。如果厭倦了以火腿、起司、雞蛋和生菜等製作的三明治，不妨嘗試一下這道餐點。

🧺 Ready

皮塔餅	1個
菲達起司	8個
小番茄	4顆
黑橄欖	3個
洋蔥	1/8個
芥末葉	2片
美乃滋	2大匙

醬料

橄欖油	2大匙
檸檬汁	1大匙
芥末籽	1小匙
鹽巴、胡椒粉	少許

Recipe

1 將泡在液體中的菲達起司撈出，去除油分。

2 所有蔬菜皆洗淨。小番茄去蒂、直切成4等份。

3 黑橄欖切成圓片。

4 洋蔥切小塊。

5 將菲達起司、小番茄、黑橄欖與洋蔥放入碗中。

6 再加入醬料的所有材料拌勻後，放到冰箱冷藏30分鐘，讓食材均勻入味。

7 將皮塔餅放入200℃的烤箱中烤3分鐘。

8 對半切開，打開餅皮中間。

9 均勻塗抹美乃滋。

10 再放入芥末葉。

11 最後加入步驟⑥的食材即完成。

TIP

－醬料拌勻後，要在冰箱放置30分鐘以上，各種食材和醬料的味道才會調和。

－如果沒有烤箱，可以將皮塔餅用不加油的平底鍋稍微烤過。

－皮塔餅很容易裂開，放入食材時要多加小心。

－如果找不到皮塔餅，也可以將烤過的拖鞋麵包或是玉米餅切開來代替。

● 地中海式橄欖起司三明治製作方法

1　將菲達起司去除油分。

2　小番茄切成4等份。

3　黑橄欖切片。

4　洋蔥切小塊。

5　將菲達起司和蔬菜、醬料放入同個容器中。

6　均勻混合。

7

將皮塔餅放入200℃
的烤箱中烤3分鐘。

8

將皮塔餅對半切開。

9

中間打開均勻
塗抹美乃滋。

10

皮塔餅內放入芥末葉。

11

再塞入起司和蔬菜
內餡即完成。

小番茄三明治

 Ready

義式香草麵包
（10x15公分）.............1個
小番茄
（紅色和黃色）...........6顆
豆苗..............................1把
帕瑪森起司粉............2大匙
甜奶油.........................1大匙

醬料

橄欖油..........................2大匙
義式黑醋.....................1大匙
鹽巴...........................少許

甜奶油請參考第20頁

Recipe

1 蔬菜皆洗淨。小番茄去蒂並直切為兩半。

2 碗中放入小番茄、豆苗和製作醬料的所有材料。

3 充分攪拌均勻。

4 義式香草麵包對半切開，切面塗甜奶油。

5 麵包上方擺小番茄沙拉。

6 撒帕瑪森起司粉，最後再蓋上另一片麵包即完成。

TIP

－這個三明治也可以切開後再食用。

－用相同的食材，將麵包切小塊、稍微烤過後一起加入沙拉中，就
是另一道風味獨特的料理。

義式番茄起司沙拉三明治

 Ready

義式橄欖香草麵包
（10x15公分）.............1個
生馬蘇里拉起司.........1/2個
番茄片............................2片
羅勒葉............................2片
羅勒青醬.....................2大匙
義式黑醋.....................適量

羅勒青醬請參考第22頁

Recipe

1 將義式橄欖香草麵包對半切開。

2 切面塗羅勒青醬。

3 生馬蘇里拉起司切成0.5公分厚度的薄片。香草麵包的一面交
錯疊上生馬蘇里拉起司和番茄片。

4 起司上方再擺羅勒葉。

5 撒上義式黑醋。

6 最後蓋上另一片香草麵包即完成。

TIP

－羅勒青醬和義式黑醋可以在超市食品區找到。

－若使用加上薄荷的橄欖香草麵包可增添風味，或是用原味的香草
麵包也很美味。

● 小番茄三明治製作方法

1 將小番茄去蒂並切半。

2 鍋中放入小番茄、豆苗和製作醬料的所有材料。

3 攪拌均勻。

4 義式香草麵包對半切開，中間塗甜奶油。

5 麵包上放番茄沙拉。

6 撒上帕瑪森起司粉後，蓋上另一片麵包即完成。

● 義式番茄起司沙拉三明治製作方法

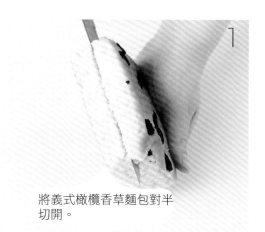

將義式橄欖香草麵包對半切開。

切面塗上羅勒青醬。

在麵包的一面交錯疊上生馬蘇里起司和番茄片。

起司上方擺羅勒葉。

撒上義式黑醋。

蓋上另一片香草麵包即完成。

雞蛋鮮蝦三明治

這是以雞蛋和滿滿的帕瑪森起司粉製成醬料，再和鮮蝦一起攪拌所做成的三明治。即使不用很多食材，光靠雞蛋和起司的天然香味就足以提振食欲。堅硬的麵包尤其適合搭配，可突顯內餡的溫和口感。

Ready

法式麵包	15公分
冷凍蝦	8～10隻
蘿蔓葉	1～2片
橄欖油	1小匙
清酒、鹽巴、胡椒粉	各少許

醬料

雞蛋	1顆
帕瑪森起司粉、橄欖油	各2大匙
檸檬汁	2小匙
碎蒜頭、芥末醬	各1/2小匙
鹽巴、胡椒粉	少許

雞蛋製作過程請參考第87頁的「水波蛋」作法

Recipe

1 將冷凍蝦放到鹽水中沖洗後，放入加有清酒的滾水中汆燙，並去除水分。

2 蝦子上撒鹽巴和胡椒粉，再加橄欖油拌勻。

3 雞蛋煮成水波蛋，放入碗中搗碎，再加入所有醬料材料拌勻。

4 也將蝦子放入碗中略微攪拌，做成鮮蝦蛋沙拉。

5 將法式麵包中間挖開，放入180℃的烤箱中稍微烤熱。

6 法式麵包內放進洗淨且瀝乾水分的蘿蔓葉後，再塞滿鮮蝦蛋沙拉即完成。

TIP

- 如果無法將雞蛋煮成水波蛋，可以將雞蛋煮到半熟後，均勻搗碎使用。

- 料理蝦子時，若是先倒橄欖油，鹽巴和胡椒粉將會難以附著，所以務必要注意先後順序。

- 只要將夾子深入法式麵包中，就能把中間麵包部分挖除。此外要注意，法式麵包烤得太久就會變硬，只要稍微烤過即可。

- 如果家中沒有烤箱，法式麵包也可以直接使用，不過酥脆度和香氣會略減一分。

● 雞蛋鮮蝦三明治製作方法

1. 將蝦子放入加有清酒的滾水中汆燙。

2. 蝦子上撒鹽巴和胡椒粉，再加橄欖油拌勻。

3. 水波蛋放入碗中搗碎。

4. 搗碎的蛋中加入檸檬汁、碎蒜頭、芥末醬。

5. 加入帕瑪森起司粉。

6. 再加入橄欖油、鹽巴、胡椒粉攪拌均勻。

7

將蝦子放入醬料中。

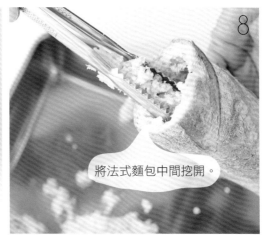

8

將法式麵包中間挖開。

9

稍微烤過。

10

法式麵包內放進蘿蔓葉。

11

塞滿鮮蝦蛋沙拉即
完成。

COLD SANDWICH 14

馬鈴薯蘋果三明治

這是在搗碎的馬鈴薯中加洋蔥、高麗菜，並以蘋果創造出酸甜口感的沙拉型三明治。由於馬鈴薯沙拉可以在冰箱中保存2～3天，所以可以一次做充足的量，放在密閉容器中保存。

🛒 Ready

白麵包............................2個
蘋果（大顆）...............1顆
馬鈴薯、洋蔥........各1/2個
小黃瓜.........................1/4條
高麗菜............................50g
美乃滋.........................3大匙
鹽巴..............................1小匙

Recipe

1 所有蔬果皆洗淨。小黃瓜切半後切薄片。

2 洋蔥也切成薄片。

3 以上二種材料加上1/2小匙鹽巴醃漬。

4 馬鈴薯去皮，切成6～8大塊，放入鍋中加滿水後，加1/2小匙鹽巴一起煮。

5 等到馬鈴薯熟透後就將水倒出，轉小火再燜煮一陣子。先把水倒掉再用小火燜煮的動作，可以把馬鈴薯的粉逼出來，馬鈴薯的水分也會隨之蒸發，就像烤過一樣更美味。

6 趁馬鈴薯還有熱度時用叉子搗碎。

7 小黃瓜和洋蔥醃好後用布包住，用力擰乾水分。

8 蘋果帶皮切細絲，高麗菜也切成細絲。

9 碗中放入馬鈴薯、小黃瓜、洋蔥、高麗菜絲和蘋果拌勻。

10 再加入美乃滋一起攪拌。

11 將白麵包對半切開。

12 填滿馬鈴薯沙拉後，將2片麵包合起即完成。

TIP

－攪拌食材時，一開始可能會無法順利拌勻，但隨著高麗菜絲被破壞後，食材就會混合在一起，所以一開始不要用力壓比較好。

● 馬鈴薯蘋果三明治製作方法

1 小黃瓜切半後切薄片。

2 洋蔥也切成薄片。

3 小黃瓜和洋蔥加鹽巴醃漬。

4 馬鈴薯放入加鹽巴的水中煮熟。

5 再將水倒掉，轉小火燜煮。

6 在馬鈴薯還有熱度時用叉子搗碎。

7 小黃瓜和洋蔥醃好後,用力擰乾水分。

8 蘋果帶皮切細絲。

9 將搗碎馬鈴薯、小黃瓜、洋蔥、蘋果、高麗菜放入盆中。

10 再放入美乃滋一起拌勻。

11 白麵包對半切開。

12 將內餡滿滿放入,再蓋上另一半麵包即完成。

BLTA三明治

以培根（Bacon）、萵苣（Lettuce）、番茄（Tomato）為基底組成的英式三明治稱為「BLT」，再加上酪梨（Avocado），就是「BLTA三明治」。由於加入各種蔬菜、起司和培根，不僅能增加飽足感而且兼顧營養均衡。

Ready

全麥土司	2片
培根	2片
酪梨	1/2顆
番茄	1/3個（2片）
萵苣葉	2片
切達起司片	1.5片
美乃滋	1大匙

芥末籽美乃滋

美乃滋、芥末籽	各1大匙
砂糖	1/2小匙

Recipe

1 將培根切成適當大小，放到沒有加油的平底鍋稍微煎過。

2 酪梨切半並取出籽。將果肉切片劃開。

3 再用湯匙挖出來。

4 將番茄、萵苣葉洗淨。番茄切片、萵苣葉拭乾水分。

5 將芥末籽美乃滋的材料均勻混合，塗抹在一片全麥土司上，另一片土司則塗上美乃滋。

6 塗抹芥末籽美乃滋的土司上方先鋪萵苣葉。

7 再放番茄片。

8 番茄上放培根。

9 再擺上切達起司片。

10 起司上整齊擺放酪梨片，再蓋上另一片土司。

11 切成適當食用的大小即完成。

TIP

－去除酪梨的皮時，比起從外側下手，從內側切片再挖出來的方式方便許多。

－起司可以依據土司的大小準備一片或一片半。

● BLTA三明治製作方法

1　將培根放到沒有加油的平底鍋煎。

2　酪梨切片。

3　用湯匙沿果肉邊緣挖一圈。

4　將切片的酪梨用湯匙整個挖出來。

5　土司上塗抹醬料（一片塗美乃滋、一片塗芥末籽美乃滋）。

6　土司上鋪萵苣葉。

萵苣上方放番茄。

再疊上培根。

擺上起司。

起司上方擺酪梨片。

蓋上另一片土司，將
三明治切半即完成。

總匯三明治

總匯三明治據説起源自18世紀，紐約一家賭博俱樂部在進行遊戲時，伯爵為了填飽肚子而將許多食材綜合在一起。因為是由火腿、起司、雞蛋、培根、蔬菜等豐富的食材為基底，即使做為正餐也毫不遜色。

Ready

土司 3片
雞蛋 1顆
培根 2片
火腿片、切達起司片
......................................各1片
番茄 ....1/3個（2片）
蘿蔓葉 2片
酸黃瓜美乃滋...........2大匙
美乃滋...........................1大匙
食用油..............................少許

酸黃瓜美乃滋參考第20頁

Recipe

1 熱平底鍋中加食用油，放入雞蛋。

2 將蛋黃壓破，煎至全熟。

3 在不加油的平底鍋中放入火腿，煎至兩面呈焦黃。

4 培根切半後也放入鍋中一起煎。並將番茄洗淨、切薄片；蘿蔓葉洗淨、拭乾水分。

5 土司稍微烤過。

6 取其中2片塗抹酸黃瓜美乃滋。

7 在一片土司上鋪一片蘿蔓葉。

8 依序放上火腿、煎蛋、切達起司片。

9 在另一片沒有塗抹酸黃瓜美乃滋的土司上塗一層薄薄的美乃滋，放到起司上，另一面也塗美乃滋。

10 鋪上蘿蔓葉，放上培根。

11 再放上番茄。蓋上另一片有抹酸黃瓜美乃滋的土司。

12 用保鮮膜包覆三明治，切成適當食用的大小即完成。

TIP

─ 總匯三明治的食材眾多，所以如果土司太過鬆軟，食材很容易就陷下去，因此最好能先將土司烤脆。若是希望三明治的口感柔順又香氣濃郁，可以改用平底鍋加奶油烤土司。

─ 火腿或培根的部分，改用鮪魚或雞肉也很美味。

● 總匯三明治製作方法

1. 用平底鍋煎蛋。

2. 將蛋黃壓破，煎至全熟。

3. 在不加油的平底鍋中煎火腿。

4. 培根也在不加油的平底鍋中煎到微焦。

5. 將3片土司烤過。

6. 取2片土司塗抹酸黃瓜美乃滋。

7

土司上依序放蘿蔓葉
和火腿。

8

再放煎蛋和起司。

9

沒有塗抹酸黃瓜美乃
滋的那片土司，兩面
都塗上美乃滋後，疊
在起司上方。

10

再放蘿蔓葉和培根。

11

疊上番茄。

12

蓋上另一片土司，
用保鮮膜包覆後切
開即完成。

芥末蟹肉三明治

這是在蟹肉中加入碎洋蔥後,和美乃滋、芥末醬一起拌勻,再搭配小黃瓜而成的
三明治。洋蔥和芥末可以消除蟹肉的腥味,小黃瓜的清脆口感可以增加新鮮感。
如果想要換換口味,也可以用火腿和起司代替小黃瓜,創造出特色輕食三明治。

Ready

全麥麵包.......................2片
蟹肉棒..........................4個
小黃瓜..........................1條
洋蔥..........................1/6個
蘿蔓葉、菊苣..........各2片
蜂蜜芥末醬、美乃滋
......................各1.5大匙
芥末醬...................1/2小匙

Recipe

1 將蟹肉棒切成2公分長,再依紋理撕成細絲。

2 所有蔬菜皆洗淨。用削皮器將小黃瓜削出4個長薄片。

3 洋蔥切絲後切小塊。

4 將蟹肉和洋蔥放入碗中,加入美乃滋。

5 再加入芥末醬。

6 全部攪拌均勻。

7 將2片全麥麵包的一面塗抹蜂蜜芥末醬。

8 在一片麵包上方鋪蘿蔓葉。

9 在蘿蔓葉上擺滿蟹肉餡。

10 再將摺半的小黃瓜放上。

11 最後放菊苣。

12 蓋上另一片全麥麵包即完成。

TIP

－將蟹肉切短後,要將肉撕開,口感才會更為溫和,如果蟹肉太長
　或是成塊,就會和其他食材不搭配。

－小黃瓜除了用削皮器刨成長薄片,也可以改用刀切薄片。

● 芥末蟹肉三明治製作方法

1 將蟹肉切小段,再依紋理撕開。

2 用削皮器將小黃瓜削成長薄片。

3 洋蔥切絲後切小塊。

4 蟹肉中加洋蔥和美乃滋。

5 再加入芥末醬。

6 全部拌勻。

全麥麵包塗上
蜂蜜芥末醬。

麵包上放蘿蔓葉。

蘿蔓葉上放混合醬料
的蟹肉。

蟹肉上放小黃瓜。

最後放菊苣。

蓋上另一片全麥麵
包即完成。

蔓越莓蜂蜜雞肉捲

墨西哥薄餅搭配鮮嫩的雞胸肉和酸酸甜甜的蔓越莓，捲起來後就變成可輕鬆食用
的三明治捲。份量剛好、不過多的雞肉搭配蔓越莓，清爽的口感可以刺激味覺，
很適合當作休閒點心。

Ready

墨西哥薄餅
（直徑20公分）........... 1片
雞里肌肉 2片
蘿蔓葉 2片
蔓越莓乾、蜂蜜芥末醬
.... 各1大匙
覆盆子醬 1小匙
清酒、鹽巴、胡椒粉
.... 各少許

Recipe

1 將雞肉中間的筋去除。橫向抓住筋，另一手壓住旁邊的肉，就
能輕鬆將筋拉出。

2 在滾水中加入少許清酒，再將雞肉放入，煮3〜4分鐘後撈出。
雞肉放涼後，切成適當食用的大小，再撒鹽巴和胡椒粉調味。
蘿蔓葉洗淨後拭乾水分。

3 墨西哥薄餅中間塗上覆盆子醬。

4 再放入2片蘿蔓葉，讓蘿蔓葉尾端部分稍微超出薄餅。

5 蘿蔓葉上放雞肉。

6 撒上蔓越莓乾。

7 擠上蜂蜜芥末醬。

8 將墨西哥薄餅由下往上摺。

9 兩側也往中間摺，讓三明治成為單手就好拿取的狀態即完成。

TIP

－這個三明治也可以用土司來取代墨西哥薄餅。

－覆盆子醬也可以用蔓越莓醬代替。

－可以根據喜好再加入少許杏仁片，不但能帶來酥脆口感，還能增
加營養。

● 蔓越莓蜂蜜雞肉捲製作方法

1 將雞肉中間的筋去除。

2 將雞肉放入滾水中煮。

3 墨西哥薄餅中間塗上覆盆子醬。

4 薄餅上面擺蘿蔓葉。

5

再放上雞肉。

6

雞肉上撒蔓越莓乾。

7

雞肉和蔓越莓乾上
淋些蜂蜜芥末醬。

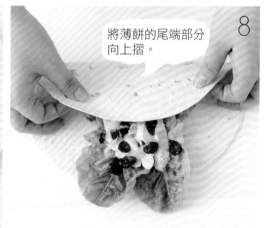

8

將薄餅的尾端部分
向上摺。

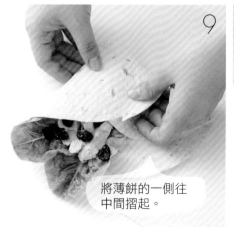

9

將薄餅的一側往
中間摺起。

10

另一側也摺起即完成。

咖哩雞三明治

COLD SANDWICH 19

這是由雞胸肉加咖哩粉,再搭配可頌麵包的特色風味三明治。因為加入滿滿的內餡,做為完整的一餐絕對綽綽有餘。這個三明治不易出水,也不容易變質,所以很適合做成便當。此外,還能補充蛋白質,很適合當作小孩子的營養點心。

🧺 Ready

可頌麵包 1個
雞胸肉 1/2塊
蘿蔓葉 1片
寡糖、杏仁片 各1.5小匙
咖哩粉 1/3小匙
清酒、鹽巴、胡椒粉
.... 各少許

Recipe

1 將雞胸肉放入加有清酒的滾水中煮熟。

2 撈出、瀝乾水分。

3 放涼後將雞肉撕成絲。

4 雞絲中加入咖哩粉、寡糖、鹽巴、胡椒粉拌勻。

5 再加入1小匙杏仁片。

6 充分拌勻。

7 將可頌麵包切開,但不切斷。

8 在可頌內放蘿蔓葉。

9 再放上滿滿的雞絲餡。

10 內餡上撒剩餘的杏仁片,最後將可頌稍微壓合即完成。

TIP

－雞胸肉煮熟後先加咖哩粉稍微煎過,會更美味。

－可以根據喜好加入洋蔥絲,能帶來鮮甜和清脆口感。

● 咖哩雞三明治製作方法

1　將雞肉放入加了清酒的滾水中煮熟。

2　瀝乾水分。

3　雞肉放涼後撕開。

4　雞肉中加入咖哩粉、寡糖、鹽巴和胡椒粉。

5　再加上杏仁片。

6　用手均勻。

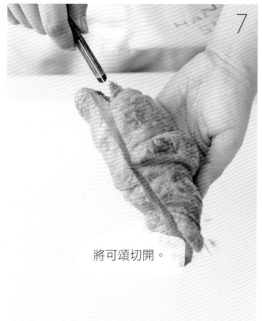

7

將可頌切開。

8

可頌內放蘿蔓葉。

9

放滿雞肉內餡。

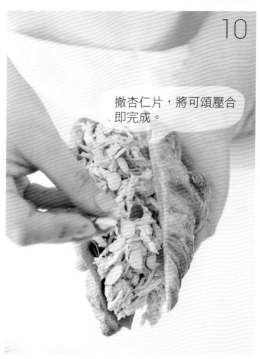

10

撒杏仁片,將可頌壓合
即完成。

04

包裝技巧&
剩下麵包
100%完全利用法

學會包裝三明治不但能避免三明治變形、便於食
用，還能增加美觀。即使沒有特殊的包裝材料或過
人的手藝也沒關係，只要幾個簡單的點子，就能將
三明治包裝成禮物一般。這裡將介紹適合各種形狀
和用途的三明治包裝方式，以及充分利用剩下來的
麵包的祕訣！

SANDWICH
W R A P P I N G

三明治
包裝技巧

最受歡迎的便當禮物就是三明治！
精心製作三明治後，
再加上亮眼的包裝，
絕對讓食用更方便，
美感大加分！
一起來學讓三明治變美麗的
包裝技巧吧！

透明塑膠袋配緞帶裝飾
透明塑膠袋、膠帶、彩色緞帶

用各種蔬菜、火腿等食材製作的三明治色彩
鮮明，讓人看了就想大快朵頤。如果要包裝
這種三明治，必須讓內部食材被看見，效果
會更好。將三明治放入透明塑膠袋中，上方
捲起來，用膠帶固定，做成手提處。如果是
沒有底面的塑膠袋，就要抓出兩側的下方當
作底面。只要在塑膠袋上貼彩色緞帶，就完
成了簡單的裝飾。

用餐巾包餐具
餐巾紙、裝飾膠帶、西點紙杯

要把三明治做成小孩子的便當時，最好能包成好拿、又方便吃的小便當。小尺寸的三明治可以放進蛋糕杯，或是用彩色的紙巾包裝。以外觀不易晃動走樣、吃的時候不容易弄髒手的包裝為佳。叉子用顏色亮麗或是花紋漂亮的紙巾包覆，再用彩色膠帶固定，整體就包裝完成，而且還能兼顧衛生。一般大小的三明治可以先切成適合一口吃的大小，再放進西點紙杯中。

適合野餐的手帕包裝
紙製三明治盒、手帕

如果沒有適合包裝三明治的材料，例如裝三明治的容器、盒子或緞帶等，這時候，其實只用一條手帕也能解決。將三明治放入便當後，用漂亮的手帕或是便當布，包起來後再打結就完成。在戶外野餐時，包裝的手帕還可以當桌巾使用，也可以當作擦手巾，實在是一舉兩得。選擇花紋漂亮的手帕，就能增加野餐的氛圍，格紋、圓點和碎花都是不錯的選擇。

利用瑪芬紙杯
瑪芬紙杯

要將圓形麵包做成的三明治放入便當盒時，不要直接放進去，先放入瑪芬紙杯中，三明治才不會碰撞、擠壓。尤其三明治久放時，麵包會吸收食材的水分，導致容易變軟，若是將好幾個麵包放在一起，麵包就可能會黏在一起。但將麵包個別用瑪芬杯裝，彼此間就有縫隙，可以避免這類情形發生。另外，這種一口吃大小的三明治，放入瑪芬杯中，還能方便拿著吃。

用彩色紙膠帶裝飾盒子
有洞的紙盒、彩色裝飾膠帶

利用有洞的紙盒來包裝三明治，可以保護三明治的外觀。相較白色的紙盒，有顏色或圖畫的紙盒更適合拿來包裝。紙盒中先放吸油紙，再放入三明治、蓋上蓋子，盒上放叉子，最後用膠帶將叉子和蓋子、紙盒一起黏起來，就完成了同時固定紙盒和叉子的包裝。此外，挑選有色彩的裝飾膠帶，就能讓平凡的包裝充滿特色。緞帶也能用來包裝，但是用膠帶更加簡便。

用裝飾襯紙包裝
裝飾襯紙、緞帶

試著將經常做為包裝材料的各種裝飾襯紙，拿來當作三明治的包裝吧！裝飾襯紙除了拿來用作包裝，還能扮演紙巾的角色。如果要將三明治包成可以一手拿著吃的模樣，只要先將襯紙像紙巾般包覆三明治，再用緞帶綁起來，就能固定住。那種外型太長而不方便吃，或是做成圓形的三明治，就適合使用包裝襯紙。注意緞帶務必要綁緊，三明治外形才不會走樣。

方便的紙包裝
彩色包裝紙、貼紙

帶有色彩或花紋的包裝紙，其實就是最好的包裝材料！將彩色包裝紙切割成四方形後，三明治放到正中央。先摺起下方部分，再摺起兩側，最後摺上側，並挑選適合搭配包裝紙的貼紙貼上，就大功告成。如果能將每份三明治各自用不同的包裝紙，整體看起來會更加出色。

利用三明治專用盒
三角形三明治盒

要包裝半個三明治時，使用三明治專用盒最方便。從現在開始，不要再將三角形的三明治放到塑膠袋或是密封袋裡，使用三明治專用盒，放進包包也不必擔心被壓到，而且三明治的食材也不會散開。另外，使用三明治專用盒會比放進便當盒更減輕重量，並且更能完美保持外觀。

密封袋塗鴉
密封袋、油性筆

當用土司做成的三明治沒有特別適當的包裝材料時，就準備密封袋和一枝油性筆吧！用油性筆在密封袋上畫畫或留言後，再將三明治放入，三明治的土司就會像白色的圖畫紙般，將圖畫突顯出來。即使沒有特別的包裝材料，也能用密封袋畫出趣味的特色包裝。畫上人物的生動表情，或是用漂亮的字跡留言，都是不錯的想法。

用紙杯裝長型三明治
紙杯（西點杯）、紙袋、緞帶

法式麵包做成的長三明治，用紙杯或是瑪芬杯，就能輕鬆包裝。準備瑪芬紙杯後，將法式麵包三明治放入並固定，再放進紙袋中，簡單的三明治包裝就完成。若是三明治比紙杯還小，裡面的食材會跑掉，因此要用緞帶先將三明治稍微固定比較好。另外，用墨西哥薄餅做的三明治，或是用土司捲起來做成的三明治，也可以用這個方式包裝，同時享受趣味和便利。

糖果造型三明治包裝
包裝紙、緞帶

將三明治做成小孩子的點心時，外型也一起做成有趣的模樣會更討喜。以土司為基底，放上火腿或抹醬後，捲起來就是長圓形的三明治。將這種三明治包成糖果造型，既簡便又能增加趣味。先將彩色包裝紙剪成比三明治長的長度，再將三明治捲起來，包起來後，兩端用緞帶綁起來即完成。這是帶有童趣的包裝方式。

COOKING
IDEA

不浪費！
完全利用剩下
麵包法大公開

做三明治時切下的麵包邊
經過再利用，
也能成為另一道美味點心！
試著將麵包邊、土司邊，
這種較堅硬的部分留下來，
做成嘴饞時簡單吃的點心吧！

麵包布丁

這裡要介紹的麵包布丁，可以在緊迫時間裡用簡單的材料製作，口感近似餅乾，還可以填飽肚子。

🍞土司2片、牛奶1杯、雞蛋1顆、蛋黃1個、砂糖2大匙、香草糖漿少許、鹽巴少許、蔓越莓乾適量

1 將一般土司或雜糧麵包稍微烤過後，切成一口食用的大小，放入烤盤中。

2 將牛奶和雞蛋、蛋黃、砂糖、香草糖漿、鹽巴混和後，撒在麵包上。

3 以180℃的烤箱烤20分鐘左右，最後撒上蔓越莓乾即完成。

麵包巧克力棒

麵包巧克力棒是比一般餅乾更美味的點心，製作五顏六色的巧克力棒很有趣，不妨全家人一起嘗試看看。

🧁土司適量、黑巧克力醬40g、牛奶30g、裝飾彩色巧克力適量

1 將土司切成長條狀，烤至表皮呈金黃。
2 巧克力醬和牛奶混合後，加熱融化。
3 把烤過的土司像巧克力棒一樣放入巧克力醬中沾裹。
4 在巧克力醬凝固前，撒上裝飾彩色巧克力，再放入冰箱凝固即完成。

烤麵包

用土司就能簡單製作的點心就是烤麵包，塗奶油去烤的麵包，酥脆中帶有香氣，不管是小孩還是大人，都喜愛這一味。

🧁土司2～3片、奶油15g、砂糖1大匙

1 將奶油融化後，加入砂糖拌勻。
2 土司上均勻塗抹融化後的奶油。
3 以200℃預熱的烤箱將土司烤脆。土司可以切半或切成長條狀、三角形、一口食用的大小等形狀，再烤過即完成。

起司條

做三明治時剩下的1～2片土司,可以做成美味的起司條。如果沒有烤箱,也可以用平底鍋烤。起司的濃郁香氣搭配酥脆麵包,愈吃愈喇嘴。

🍞土司2片、帕瑪森起司粉5大匙、橄欖油2大匙

1 將土司切成長三角形。
2 在土司上均勻撒上橄欖油。
3 撒上帕瑪森起司粉後,以200℃的烤箱烤10分鐘左右即完成。

花生蜂蜜條

利用炸土司裹上蜂蜜和花生製成的花生蜂蜜條,最適合當作營養點心。花生也可以用杏仁片或其他堅果類取代。將花生蜂蜜條放入塑膠杯中,既好拿又方便攜帶。

🍞土司2～3片、蜂蜜3大匙、碎花生2大匙、油炸粉適量

1 將土司切成長條狀。
2 以熱油將土司稍微炸過,再去除油分。
3 將炸過的土司均勻沾裹蜂蜜,再撒上碎花生即完成。

麵包粉

做油炸料理時需要的麵包粉，自己做會比市售的還要更美味！做麵包粉時，不用將麵包磨得太細緻，顆粒大反而有好口感，而且也很美觀。

🍞剩下的土司適量

1 如果土司是水分充足的狀態，要先放置一天使其變乾硬，若已是乾硬的狀態即可直接使用。

2 將乾硬狀態的麵包切成適當大小後，磨成麵包粉。

3 將較大塊的麵包粉分散，再放入夾鏈袋，以冷藏保存。

土司培根捲

用培根捲起土司後拿去烤，就是香氣濃郁、帶有鹹味的簡單下酒零食。如果沒有烤箱，也可以用鍋子煎，不過用烤箱烤會更香脆！

🍞土司2片、培根6片

1 將土司切成1.5公分寬的長條，培根切一半，捲在土司中間。

2 將捲好的土司條放入烤箱，以200℃預熱的烤箱烤10分鐘左右即完成。

INDEX

全麥麵包

酪梨鮮蝦三明治__30 · 香蕉花生醬三明治__54 · 法式雙倍起司火腿三明治__62 · 奶油醬雞肉三明治__66 · 豬排三明治__118 · 芥末蟹肉三明治__178

熱狗麵包

洋蔥德式香腸三明治__32 · 照燒雞肉三明治__102 ·

白麵包

冰淇淋三明治__128 · 馬鈴薯蘋果三明治__166

法式麵包

蘋果布里起司帕爾瑪火腿三明治__34 · 法式長棍麵包烤蒜頭三明治__58 · 番茄乾三明治__82 · 義式黑醋洋蔥牛排三明治__107 · 雞蛋鮮蝦三明治__162

貝果

鮭魚貝果三明治__28 · 玉米片起司三明治__94 · 楓糖奶油起司三明治__124 · 義式香腸起司三明治__136

土司

炸蝦三明治__36 · 焦糖土司__48 · 咖椰醬三明治__54 · 德式香腸炒蛋三明治__70 · 鮮蝦歐姆蛋三明治__74 · 火腿起司捲__90 · 炸起司三明治__98 · 覆盆子馬斯卡彭起司三明治__124 · 南瓜土司捲__132 · 鮪魚雞蛋三明治__140 · 馬鈴薯沙拉三明治__146 · 鮮蝦芥末籽烤三明治__150 · BLTA三明治__170 · 總匯三明治__174

英式瑪芬

麻糬三明治__49 · 水波蛋羅勒青醬三明治__86

拖鞋麵包

卡門貝爾蜂蜜三明治__40 · 烤肉茄子三明治__106

可頌

咖哩雞三明治__186

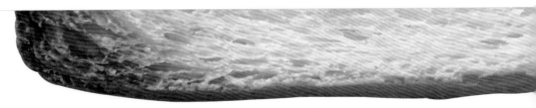

墨西哥薄餅

墨西哥蝦捲餅三明治__78 · 雞肉捲三明治__114 · 香蕉巧克力捲__128 · 蔓越莓蜂蜜雞肉捲__182

義式香草麵包

玉米起司三明治__44 · 小番茄三明治__158 · 義式番茄起司沙拉三明治__158

皮塔餅

地中海式橄欖起司三明治__154

早午餐

卡門貝爾蜂蜜三明治__40 · 焦糖土司__48 · 麻糬三明治__49 · 咖椰醬三明治__54 · 法式雙倍起司火腿三明治__62 · 奶油醬雞肉三明治__66 · 水波蛋羅勒青醬三明治__86 · 玉米片起司三明治__94 · 炸起司三明治__98 · 覆盆子馬斯卡彭起司三明治__124 · 楓糖奶油起司三明治__124 · 冰淇淋三明治__128 · 義式香腸起司三明治__136 · 鮮蝦芥末籽烤三明治__150 · 地中海式橄欖起司三明治__154 · 義式番茄起司沙拉三明治__158 · 小番茄三明治__158 · 雞蛋鮮蝦三明治__162 · 芥末蟹肉三明治__178

下酒菜

玉米起司三明治__44 · 法式長棍麵包烤蒜頭三明治__58 · 墨西哥蝦捲餅三明治__78 · 義式香腸起司三明治__136 · 鮮蝦芥末籽烤三明治__150

小孩的點心

洋蔥德式香腸三明治__32 · 玉米起司三明治__44 · 焦糖土司__48 · 香蕉花生醬三明治__54 · 咖椰醬三明治__54 · 德式香腸炒蛋三明治__70 · 鮮蝦歐姆蛋三明治__74 · 水波蛋羅勒青醬三明治__86 · 火腿起司捲__90 · 炸起司三明治__98 · 豬排三明治__118 · 香蕉巧克力捲__128 · 冰淇淋三明治__128 · 南瓜土司捲__132 · 馬鈴薯沙拉三明治__146 · 馬鈴薯蘋果三明治__166

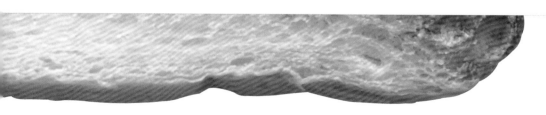